国家自然科学基金项目（61572084）资助出版

冻胶阀的性能研究及工程应用

刘德基　张慢来　廖锐全　著

U0296186

科学出版社

北京

内 容 简 介

  本书针对冻胶阀技术特点，研究了冻胶这种特殊软物质的性能，并介绍了冻胶阀的应用情况。全书共分 6 章，主要内容包括冻胶阀技术及常见冻胶交联机理；冻胶制备和微观结构表征，建立了冻胶基本力学性能、胶结性能和封隔特性的测试分析方法，确定了纤维素的增韧改性作用及对密封抗压性能的增强效果；综合运用理论、数值模拟和实验方法分析冻胶段塞的密封抗压规律，建立计算模型；开展冻胶段塞的成型和可穿透性研究，明确相关因素的影响，并通过现场应用实例验证冻胶阀技术的可靠性和先进性。

  本书可供从事油气田钻采新工艺、高聚物力学研究等方向的科研人员参考使用，也可供油田化学、胶体力学等专业的高校教师、研究人员、研究生及工程技术人员参考。

图书在版编目(CIP) 数据

冻胶阀的性能研究及工程应用／刘德基，张慢来，廖锐全著. —北京：科学出版社，2019.7
  ISBN 978-7-03-061603-6

  Ⅰ.①冻…　Ⅱ.①刘…　②张…　③廖…　Ⅲ.①凝胶–性能–研究 ②凝胶–应用–不压井作用–研究　Ⅳ.①TE358

  中国版本图书馆 CIP 数据核字（2019）第 111166 号

责任编辑：张井飞／责任校对：张小霞
责任印制：吴兆东／封面设计：耕者设计工作室

科 学 出 版 社 出版
北京东黄城根北街 16 号
邮政编码：100717
http://www.sciencep.com

北京凌奇印刷有限责任公司 印刷
科学出版社发行　各地新华书店经销

*

2019 年 7 月第 一 版　开本：720×1000　B5
2020 年 6 月第二次印刷　印张：10
字数：192 000

定价：99.00 元
（如有印装质量问题，我社负责调换）

前　　言

冻胶是一种通过交联反应形成的具有空间网状结构的有机凝胶，同时具有固体力学特点和流体性质。诺贝尔物理学奖获得者热纳将该类特殊物质定义为"软物质"，并描绘它的特征为"弱力引起大变形"，即对外界微小作用具有敏感和非线性响应、自组织行为、空间缩放对称性等。凝胶的独特性能赋予它特殊用途，自 20 世纪 90 年代开始，凝胶广泛应用于油田工业中的三次采油和堵水调剖，显著提高了石油采收率。2007 年，吐哈油田提出用化学智能胶体代替套管阀进行欠平衡钻完井的技术思想，并在现场试验中成功进行了欠平衡完井作业，确认具有作业成本低、工艺简单、有效保护储层等优点。2008 年，冻胶阀入围世界石油"新思维奖"，并在随后几年逐渐推广至堵水、修井和不压井作业，达到了预期目标。

冻胶阀技术创新了传统的欠平衡钻完井和不压井作业工艺，其中，新型的功能材料至关重要。冻胶除了具有一般凝胶的强度和高弹性外，还需具备实现"阀"作用的特殊性能和要求：预交联液可泵入井筒，在不同井筒条件下能够胶凝成段塞；冻胶胶结套管内壁的强度与本体强度对于段塞的封隔性能同等重要，需同时提高；本体的高强度与可穿透性、自降解是一对矛盾关系，配方研制时需结合工艺均衡两者的相对强弱。当前，软物质力学理论还不完善，关于冻胶阀的性能还缺乏一套全面、合理的测试、评价方法，考虑工艺条件的段塞成型和封隔规律更是未见相关报道。因此，相关方面的课题亟待开展。本书正是笔者多年来研究冻胶阀性能和工程应用的成果，也希望起到抛砖引玉的效果，在今后能涌现更多关于软物质、冻胶阀的各方面研究成果，促进新功能材料在石油工业中的应用。

本书论述了冻胶阀的性能及工程应用。主要内容包括：阐述冻胶阀技术特点和常用材料的交联机理；制备不同冻胶材料，建立了一套关于冻胶基本性能（拉伸、压缩、剪切、胶结）的实验测试方法，从微观和宏观两方面对其结构和性能进行表征，揭示了纤维素在冻胶阀中的增韧作用及对封隔、可穿透性能的影响；运用数值模拟、室内实验方法研究井筒中注入预交联液时的顶替特性、混合特性和段塞成型规律，进行了悬空塞可行性实验；通过对冻胶阀在欠平衡钻完井、堵水、不压井作业中的实例介绍，验证了冻胶阀技术在油田诸多作业中的可行性、可靠性和先进性。

本书由刘德基、张慢来、廖锐全撰写,由雷宇教授审核。在书稿完成过程中,得到了张俊、程立、秦义、尹玉川、陈超、王涛、姚普勇、石锋等人的帮助和支持。在此,谨向帮助完成本书的同志表示衷心的感谢!

由于水平有限,书中难免存在不妥之处,恳切希望专家、同行和读者予以批评指正。

著　者

2018 年 12 月于吐哈油田

目　　录

第1章　冻胶阀技术介绍

1.1　冻胶阀技术背景

冻胶阀技术是一种采用冻胶材料堵塞、封隔井筒从而进行不压井带压作业的新技术。与当前采用套管阀、油管堵塞器和防喷器等装置的不压井作业相比，冻胶阀密封性能可靠、作业成本低、施工工艺简单，特别是解决了油管结垢、腐蚀穿孔、死油、死蜡以及筛管无法带压起出的问题，极大丰富了不压井技术的内涵（张克明等，2007；樊天朝等，2009；艾贵成等，2009）。

冻胶阀技术的实质是用冻胶封隔井筒（油、套管或环空），其命名来源于冻胶在欠平衡钻完井中所起的套管阀作用，也称为冻胶段塞。如图 1.1 所示，注入到井筒中的预交联液在井下一定压力和温度下形成冻胶段塞。冻胶自身具有一定强度和与井筒壁面的黏附性，可隔离上下流体，并封隔地层压力，起"阀"固定和静密封作用；在下入钻完井管柱并穿透冻胶段塞时，利用冻胶的高弹性和恢复性，对管外进行动密封，形成井口到井底的通道，即开"阀"；作业结束后破胶返排，即解"阀"。

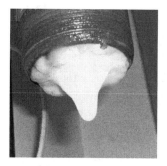

图 1.1　冻胶段塞

吐哈油田自从 2007 年提出冻胶阀技术思想后，用冻胶阀进行了多井次的欠平衡钻完井现场试验，并取得成功。结果表明，冻胶阀技术的应用能有效保护储层，提高单井产能，而且工艺简单，单井服务成本约 30 万～50 万元，与套管阀相比成本大大降低（陈芳等，2010；杨虎和王利国，2009；刘德基等，2013）。2008 年，冻胶阀技术凭其创新性入围世界石油"新思维奖"。经过十多年的发展，该技术已逐步应用于欠平衡钻完井、油气井修井及不压井作业中，但无论哪种应用方式，发挥"阀"功能的智能胶体都要充分满足以下性能要求：

1）泵送性：预交联液体易于配制和泵送，流动性好；

2）成胶时间可控：在密闭环境内，反应形成高强度胶体的时间可控；

3）本体强度：冻胶耐压性能可靠，具备良好的静态和动态隔离密封功能；

4）黏附性：冻胶黏壁性良好，可与管壁形成静态密封，防止油气溢出；

5）稳定性：井筒条件下冻胶性能保持稳定的时间能满足作业需求；

6）可破胶性：作业结束后，通过机械、化学等破胶方式能使冻胶彻底返排出井筒；

7）操作简单：现场试验满足工程需要，简化施工程序，提高作业时效；

8）安全性：保证原料、产物和返排液符合工艺安全和环保要求。

当前，对冻胶阀的性能还缺乏一套系统、有效的测试方法。开展冻胶微观结构、形态、性能分析是对软物质力学研究的重要补充，能为新型冻胶材料的研制提供评价方法，将促进冻胶阀技术的发展。

1.2　聚合物冻胶的定义、种类

冻胶是以水溶性线性高分子材料（PAM、HPAM、HPAN、XC、CMC 等）为主剂、以高价金属离子（Cr^{3+}、Al^{3+}、Ti^{4+} 等）或醛类为交联剂，在一定条件下通过交联反应形成的具有网状结构的不溶于水的有机凝胶，如铝冻胶、锆冻胶、钛冻胶、醛冻胶、铬木质素冻胶、硅木冻胶、酚醛树脂冻胶等。作为一种介于固体和液体间的特殊"软物质"，冻胶的含液量超过 90%（体积分数），内部的液体对于聚合物网络起到溶胀作用，防止其坍塌成密实的团块，而网络反过来包容液体，但不溶解。随着冻胶的形成，溶胶或溶液失去流动性，显示出固体的性质，如具有一定的几何外形、弹性、强度、屈服值等。但是从内部结构看，它和通常的固体又不一样，存在固-液（气）两相，属于胶体分散体系，具有液体的某些性质，如离子在水冻胶中的扩散速率与水溶液中的扩散速率十分接近。

冻胶按照主剂聚合物的不同，一般可分为聚丙烯酰胺类、多糖类（羟丙基胍胶）、植物蛋白类（氨基酸）和纤维素类等，从性能和经济性考虑，聚丙烯酰胺冻胶的应用最为普遍，在石油工业中常用于堵水调剖和聚合物驱油。

1.2.1　聚丙烯酰胺类冻胶的交联机理

聚丙烯酰胺是目前公认使用效果好、最有发展前景的聚合物。常用的聚丙烯酰胺包括未水解聚丙烯酰胺（非离子聚丙烯酰胺）和部分水解聚丙烯酰胺（阴离子聚丙烯酰胺）两种，两者化学结构式如下：

$$
\begin{array}{c}
\cdots\!\!\!\!\sim\!\!CH_2\!-\!CH\!-\!CH_2\!-\!CH\!-\!CH_2\!-\!CH\!-\!CH_2\!-\!CH\!\!\sim\!\!\cdots \\
|\qquad\qquad|\qquad\qquad|\qquad\qquad| \\
CONH_2\qquad CONH_2\qquad CONH_2\qquad CONH_2
\end{array}
$$

$$
\begin{array}{c}
\cdots\!\!\!\!\sim\!\!CH_2\!-\!CH\!-\!CH_2\!-\!CH\!\!\sim\!\!CH_2\!-\!CH\!-\!CH_2\!-\!CH\!\!\sim\!\!\cdots \\
|\qquad\qquad|\qquad\qquad|\qquad\qquad| \\
CONH_2\qquad COONa\qquad CONH_2\qquad COONa
\end{array}
$$

聚丙烯酰胺由丙烯酰胺通过水溶液聚合法、反相乳液聚合法、悬浮聚合法等多种方法使自由基聚合反应生成，具有产品相对分子质量可控、易溶于水及残存单体少等优点。聚丙烯酰胺的相对分子质量是决定其黏度的主要因素，溶液黏度随相对分子质量的增加而增加，形成的冻胶强度也有所增强。

聚丙烯酰胺分子链上的酰胺基团 NH_2CO、氨基水解产生的羧基—COOH 和羧酸根离子等比较活泼，通过以下三种主要交联反应生成多种功能性产物。

（1）离子键交联

含二价或高价金属离子的无机盐与聚丙烯酰胺交联时，金属离子与聚丙烯酰胺的羧酸根离子形成离子键连接。例如图 1.2 中，钡离子与两个羧酸根连接。

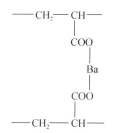

图 1.2　钡离子与羧酸根交联

（2）配位键交联

铝、铬、锆等金属离子作为中心与聚丙烯酰胺的酰胺基、羧基交联，形成强度较高的冻胶。但对于同样的中心离子，由于实际交联剂的不同，产物的结构、形态、性质可有很大的不同。

（3）极性键交联

聚丙烯酰胺的酰胺基与醛基缩合反应，例如甲醛作为交联剂时的产物（图 1.3）。当采用低聚酚醛树脂代替甲醛时，冻胶的强度更高。

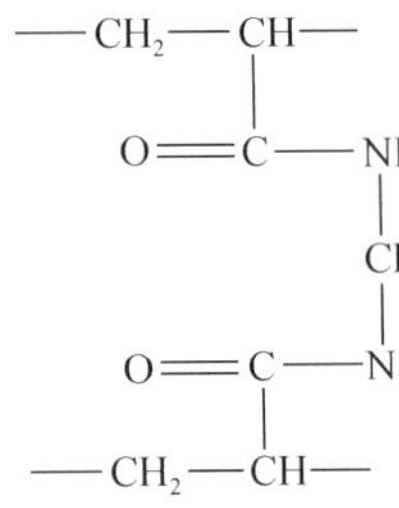

图 1.3 聚丙烯酰胺与甲醛交联

1.2.2 常见的聚丙烯酰胺类冻胶

1. Cr^{3+} 冻胶

Al^{3+} 和 Cr^{3+} 是制备冻胶时应用最广泛的金属离子，其中，Cr^{3+} 与聚丙烯酰胺的反应机理复杂。人们用黏度法研究了 Cr^{3+} 与聚丙烯酰胺交联过程中溶液的黏度变化，并将交联过程分为诱导期、加速期和终止期，推测了交联反应机理（图 1.4）。

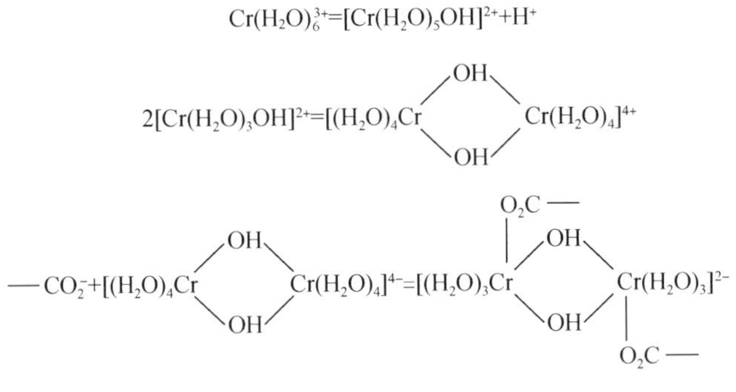

$$Cr(H_2O)_6^{3+}=[Cr(H_2O)_5OH]^{2+}+H^+$$

$$2[Cr(H_2O)_5OH]^{2+}=[(H_2O)_4Cr(OH)_2Cr(H_2O)_4]^{4+}$$

$$—CO_2^-+[(H_2O)_4Cr(OH)_2Cr(H_2O)_4]^{4+}=[(H_2O)_3Cr(O_2C—)(OH)_2Cr(H_2O)_3]^{2-}(O_2C—)$$

图 1.4 聚丙烯酰胺与 Cr^{3+} 反应

2. Al^{3+} 冻胶

工程中人们经常采用柠檬酸铝与聚丙烯酰胺混合生成冻胶。在柠檬酸铝与聚丙烯酰胺的交联体系中，柠檬酸根保护 Al^{3+}，防止它水解产生氢氧化铝沉淀而导致交联失效。同时，柠檬酸铝中柠檬酸根离子和铝离子形成配位化合物，逐渐释放 Al^{3+} 离子和聚丙烯酰胺进行交联。因此，通过调整柠檬酸根离子与铝离子的配比控制柠檬酸铝释放铝离子的速度，能够达到控制交联时间的目的。

铝冻胶的交联机理如图 1.5 所示，多核羧桥络离子与聚丙烯酰胺的—COO—交联。

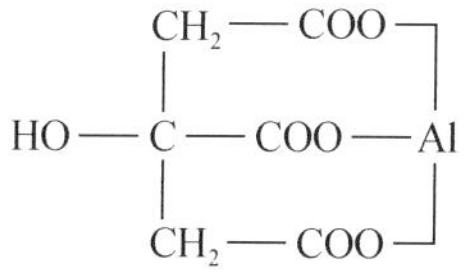

$$\begin{array}{c} CH_2 - COO^- \\ | \qquad\qquad\quad | \\ HO - C - COO - Al \\ | \qquad\qquad\quad | \\ CH_2 - COO^- \end{array}$$

图 1.5　聚丙烯酰胺与 Al^{3+} 反应

随着柠檬酸铝与聚丙烯酰胺浓度的不同，生成的 Al^{3+} 冻胶有三类不同形态。第一类为浓度较大时，冻胶表现为具有整体性、有一定形状、不能流动的半固体，是典型的整体冻胶；第二类是浓度很小时，交联体系为没有整体性、没有一定形状、可以流动的液体，是交联聚合物线团在水中的分散体系，称为交联聚合物溶液；第三类是浓度介于上述两类之间时，交联体系是有整体性但没有一定形状、可流动的半流体，它在容器中或倾倒时可观察到有整体性，倾倒时有"吐舌"现象。在以上不同形态的交联体系中，第一类和第三类冻胶的封隔性能相对较好，适用于井底压力不高的油气井。

3. 醛冻胶

聚丙烯酰胺与甲醛水溶液在酸性条件下加热发生交联反应，分子间的酰胺基与亚甲基交联生成不溶性冻胶（图 1.6）。

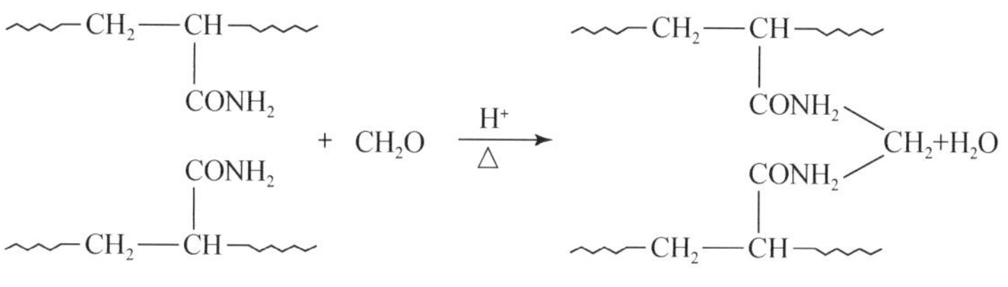

图 1.6　聚丙烯酰胺与甲醛反应

在碱性条件下，聚丙烯酰胺水溶液与甲醛被加热到100℃以上也能发生交联反应，生成不溶性凝胶。胶凝速度随聚丙烯酰胺和甲醛的浓度及温度升高而加快。

4. 相关添加剂的作用

在制备冻胶时，一些辅助成分常被加入预交联液用于改善冻胶性能。其中，淀粉是使用最广的表面增强剂，在冻胶内部起支撑作用，添加淀粉能明显提高冻胶的本体强度。纤维素用于增强冻胶的黏弹性和韧性，从而提高冻胶的密封稳定性和动密封性能。针对冻胶的结构特点，一些纳米材料颗粒也被用于填充冻胶的空间网络结构，在改变冻胶微观结构的同时起良好的改性作用。

1.3　小　　结

　　本章介绍了冻胶阀技术背景、特点及冻胶阀代替机械堵塞器需要满足的性能要求，给出了聚合物冻胶的定义及分类，对聚丙烯酰胺类常见冻胶的交联机理进行了阐述。

第2章 聚丙烯酰胺类冻胶微观结构及基本力学性能

聚丙烯酰胺（HPAM）与高价金属离子 Cr^{3+} 交联反应形成的冻胶为一种不溶于水的软固体，其网状结构决定了冻胶的高强度、无流动性等特点。为了全面认识冻胶的基本性能，本章以淀粉为支撑剂制备 Cr^{3+} 冻胶，对交联前后、有无支撑剂和纤维素等各种胶体的微观结构进行表征，重点测试分析添加纤维素前后冻胶的黏弹性、各种基本载荷下的力学参数，进而探讨冻胶结构对其宏观性能的影响关系。

2.1 冻胶制备及微观结构表征

Cr^{3+} 冻胶的组分包括 10% HPAM、10% 淀粉、1% Cr^{3+} 交联剂和 5% 纤维素。通过不同的组合，制备 5 种不同溶液：① HPAM，② HPAM + Cr^{3+} 交联剂，③HPAM+Cr^{3+}交联剂+纤维素，④HPAM+Cr^{3+}交联剂+淀粉，⑤HPAM+Cr^{3+}交联剂+淀粉+纤维素，然后置于 101-1 型电热鼓风干燥箱（北京科伟永兴仪器有限公司）内进行加热，在 60℃ 下候凝成胶。

在胶凝过程中，预交联液的黏度随时间发生变化，因此通过观测黏度的变化曲线可以确定冻胶的成胶时间。黏度法以黏度上升拐点所对应的时间作为成胶时间（图 2.1）。

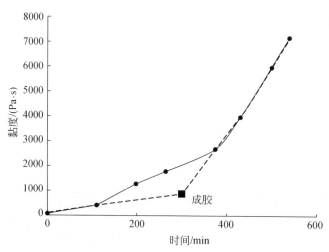

图 2.1 黏度法确定成胶时间示意图

　　根据黏度法确定以上 5 种配方的成胶时间约 4 小时，8 小时后冻胶的性能基本稳定，故现场作业和室内测试时大多候凝 12 小时。成胶后，采用扫描电子显微镜（SEM）对冻胶的微观结构进行扫描，其形貌如图 2.2 所示。

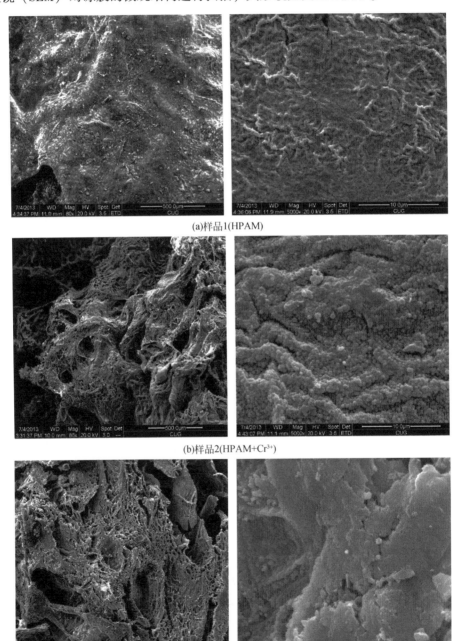

(a)样品1(HPAM)

(b)样品2(HPAM+Cr³⁺)

(c)样品3(HPAM+Cr³⁺+纤维素)

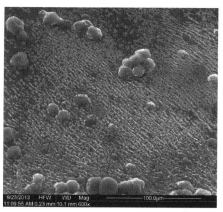

(d)样品4(HPAM+Cr³⁺+淀粉)

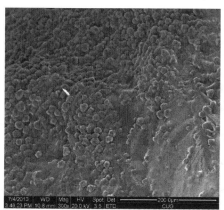

(e)样品5(HPAM+Cr³⁺+淀粉+纤维素)

图2.2　冻胶的微观结构

　　由图2.2可看出，样品1的HPAM形貌呈现平坦、均匀的特点，而HPAM与Cr³⁺离子交联反应后，在样品2中形成了网状结构，各部分之间互相交联缠绕，变得不均匀，其中，阴影部分是水分冷冻升华后留下的空洞（图2.2b）。添加纤维素后，样品3的结构变得规则和均匀，呈"蜂窝状"（图2.2c）。用淀粉代替纤维素时，胶体内充填的淀粉颗粒相互黏结成团，样品4的相形态表现为"海-岛"结构（图2.2d）。先后添加淀粉和纤维素后，样品5中的淀粉颗粒分散开来，排列较规则，这是纤维素提供较大的空间位阻以及与淀粉间氢键作用的结果。

　　通过以上对比分析可知，HPAM与Cr³⁺离子交联反应后生成杂乱的网状结构，充填在内部的淀粉颗粒主要起骨架支撑作用，通过添加纤维素可使结构变得规则。

2.2 黏弹性表征

制备的样品中，除了样品 1 表现出流体的流动性外，其他样品由于交联网结构限制了流动，都处于"软固体"状态（图 2.3）。样品 1 的 HPAM 水化物是一种具有柔性链的黏稠溶液，在搅拌过程中极易混入空气，并形成分散的小气泡。由于气泡的浮升力不足以克服液体的黏滞作用，气泡静止悬浮在溶液内部（图 2.3a），表明该溶液具有一定的气泡封隔能力。但是，关于黏稠溶液密封大宗气体的时效性及黏度的定量影响等问题还未解决，而且，运用冻胶阀技术进行下钻和完井作业时，有时根据作业井的类型及特点选择黏稠溶液来平衡地层压力，因此，需要对溶液的流变性进行表征，为黏稠溶液的气密封及管柱下入摩阻研究提供基础数据。

(a)样品1   (b)样品4   (c)样品5

图 2.3　不同样品相态

采用 NDJ-8S 旋转黏度计（上海平轩科学仪器有限公司）4#转子测量样品 1 的表观黏度，测试温度 25℃。如图 2.4 所示，随着转速的增大，HPAM 水化物的黏度由 3rpm 的 47800mPa·s 急剧下降至 30rpm 的 9040mPa·s，然后平缓下降到 60rpm 的 5230mPa·s，可以看出，HPAM 水化物具有假塑性流体的剪切稀释性。

图 2.3（b）和图 2.3（c）所示的是样品 4 和样品 5，其中，样品 4 是冻胶阀现场实验中常用的一种，样品 5 在前者的基础上通过添加纤维素进行了改性。本章主要围绕这两种冻胶进行基本力学性能测试。

由于样品 4 和样品 5 是一种同时具有流体黏性和固体弹性的软固体，需运用小幅震荡剪切应力扫描试验测试其动态黏弹特性。

(a)旋转黏度计

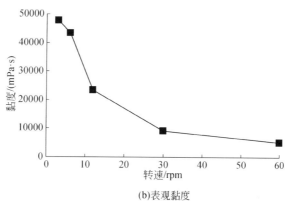
(b)表观黏度

图2.4　PPAM水化物的黏度测量

在震荡应力 $\sigma(t)$ 下的应变可分为两类：

$$\sigma(t) = \gamma_0 (G'\sin\omega t + G''\cos\omega t) \tag{2.1}$$

式中，γ_0 为应变峰值；G' 是储能模量；G'' 是损耗模量；ω 是震荡频率。其中，储能模量 G' 是指冻胶体系在交变应力作用下一个周期内储存能量的能力，通常代表胶体的弹性，值越大，胶体的弹性越大；损耗模量 G'' 则是指胶体体系在一个变化周期内损耗能量的能力，通常代表冻胶的黏性，其值越小，冻胶的黏性流动性越好。当冻胶体系处于类液状态时，其储能模量 G' 远小于损耗模量 G''；当冻胶体系处于类固状态时，其储能模量 G' 远大于损耗模量 G''。

冻胶的小幅震荡剪切应力扫描试验在RheoStree 600（Haake，Germany）应力控制流变仪上进行，测试采用DG41锥板，温度设定25℃。图2.5、图2.6分别是样品4、样品5储能模量 G' 和损耗模量 G'' 随振荡频率 ω 的变化曲线。

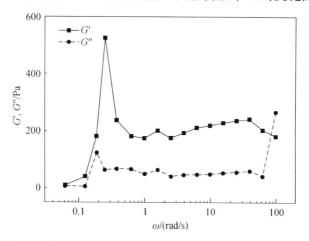

图2.5　样品4（HPAM+Cr^{3+}+淀粉）G' 和 G'' 随频率的变化

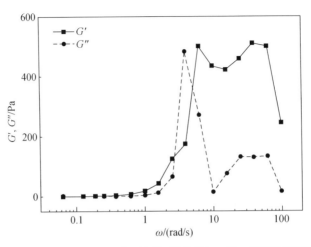

图 2.6　样品 5（HPAM+Cr^{3+}+淀粉+纤维素）G' 和 G'' 随频率的变化

　　由图 2.5 可见，在 0.01 ~ 100rad/s 的振荡频率范围内，绝大多数情况下 G' 均大于 G''，冻胶体系表现出明显的类固性。G' 和 G'' 在低频区域有一个突增，而后骤然降低，随着振荡频率的进一步提高，G' 缓慢增大，G'' 基本不变。原因是随着振荡频率的增大，高分子链的振动与外在频率的振动发生共振作用，使得冻胶体系的黏弹性增大到了最大值，而后随着振荡频率进一步增大，振动破坏了高分子链所形成的网状结构，黏弹性减弱。由图 2.6 可看出，增加纤维素后，冻胶的共振频率增大，G' 在之后较广的频率范围内维持在较高水平上，G'' 在共振频率下接近 G' 最大值，且在高频区域也有显著提高。这表明冻胶体系的弹性和黏性增强，其原因是纤维素表面富含羟基，与聚丙烯酰胺和淀粉间存在强烈的氢键作用，使得冻胶的交联密度增大，黏弹性增强。

2.3　力学性能特点及测试分析

　　高聚物的力学性能介于液体和弹性固体之间，同时具有液体黏性和固体弹性。高聚物的这种黏弹性导致其力学行为不但与温度有关，还随作用力时间发生变化，表现为蠕变与应力松弛等。

　　蠕变是指高聚物在应力不变的情况下，应变随时间不断增加的现象，是高聚物材料使用中的常见问题。若对高聚物施加载荷并在 $t_1 ~ t_2$ 时间里保持一定应力 σ_0，然后在时间 t_2 以后突然卸掉载荷，则蠕变过程要经历三个阶段。

　　第一阶段是瞬时变形阶段。在这一阶段，一旦施加载荷，高聚物立即发生瞬时应变，表现出普弹性，服从胡克定律，可以认为应变与时间无关，有

$$\varepsilon_1 = J_0 \sigma_0 \tag{2.2}$$

式中，J_0 为普弹柔量，是一常量。

第二阶段是推迟蠕变阶段。蠕变速率发展很快，然后逐渐降低到一个恒定值，或趋近于零。应变为

$$\varepsilon_2 = \sigma_0 J(t) = \sigma_0 J_e \psi(t) \tag{2.3}$$

式中，$\psi(t)$ 是蠕变函数，有

$$\psi(t) = \begin{cases} 0, & t = 0 \\ 1, & t = \infty \end{cases} \tag{2.4}$$

即应力作用极长时间后，应变趋于平衡。

第三阶段是线性非晶高聚物的流动。假设服从牛顿定律，则

$$\varepsilon_3 = \sigma_0 \frac{t}{\eta} \tag{2.5}$$

全部蠕变为这三部分应变之和

$$\begin{aligned}
\varepsilon &= \varepsilon_1 + \varepsilon_2 + \varepsilon_3 \\
&= J_0 \sigma_0 + \sigma_0 J_e \psi(t) + \sigma_0 \frac{t}{\eta} \\
&= \sigma_0 \left[J_0 + J_e \psi(t) + \frac{t}{\eta} \right] \\
&= \sigma_0 J(t)
\end{aligned} \tag{2.6}$$

式中，$J(t)$ 是恒定应力下的蠕变柔量。

恒定温度下高聚物蠕变柔量 $J(t)$ 随时间 t 变化的双对数曲线如图 2.7 所示。在非常短的时间里，高聚物呈现理想弹性体的行为，即玻璃态，柔量约为 $10^{-9} \, \text{m}^2/\text{N}$，这时应变仅是应力的函数，与时间无关。随着时间的增加，高聚物渐渐偏离弹性行为，蠕变柔量随时间单值地增大，直到再次达到某个恒定值，这时材料变软，表现出类似橡胶的大弹性形变，即橡胶态。高聚物在橡胶态的蠕变柔量也与时间无关，约为 $10^{-5} \, \text{m}^2/\text{N}$。在玻璃态和橡胶态之间有一个玻璃化转变区域，材料表现出明显的黏弹性。经过更长的时间以后，高聚物的行为依赖于它们的化学结构有明显不同。线形高聚物在橡胶态后像黏性液体那样发生牛顿流动，而交联高聚物由于大分子链之间有化学键相连，则在相当长时间里保持在橡胶态而无流动出现。

在橡胶态，通过假设：①交联点固定不动；②微观和宏观按比例形变；③交联结构中每个链的构象统计沿用自由联结链的高斯统计，应用高弹性理论可推导出交联高聚物的剪切模量：

$$G = \frac{\rho RT}{\langle M_c \rangle_n} \tag{2.7}$$

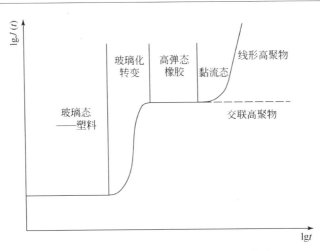

图 2.7　高聚物蠕变柔量随时间的变化曲线

式中，ρ 为冻胶的密度；T 为温度；$\langle M_c \rangle_n$ 为两相邻交联点间的数均分子量。

冻胶作为一种交联结构的高聚物，当外力作用时间较短和较长时，分别表现为理想弹性体和高弹体性质，在这两个阶段，力学参数都与时间无关，即冻胶段塞的抗静压性能在一定时间内是基本稳定的，进行冻胶的静载实验具有指导意义。由于很难测量出冻胶微观的交联度，不方便根据式（2.7）计算冻胶的剪切模量，因此，主要通过剪切实验进行测量。

在不同的变形模式下，冻胶具有不同的力学性能，测试冻胶在拉伸、压缩、纯剪切、拉拔等简单载荷下的力学性能，有助于全面掌握冻胶的材料性能，同时，测试结果也是分析冻胶段塞在套管中复杂力学行为的基础。目前，对于冻胶这种软固体的力学性能还没有相应的测试标准，本章开展冻胶在各种简单载荷下的力学实验方法研究，测试比较添加纤维素前后冻胶性能的变化，得出纤维素对冻胶力学性能的定量影响。

2.3.1　拉伸性能

1. 单轴拉伸实验

（1）实验方案

参考橡胶试验标准规范制备哑铃形圆柱和长方体模具，注入预交联后胶凝成相应形状的冻胶。为了避免夹具直接夹持试样造成的胶体破裂，模具两端采用钢管，成胶后冻胶与管壁胶结良好，夹具夹住钢管固定，模具的中间段采用防水厚纸皮，成胶后剥离。实验中以 10mm/min 的速度向下拉伸试样，测量拉伸过程中的载荷和位移。图 2.8（a）中主要参数：$L_m = 60 \backslash 70 \backslash 100mm$，$D_0 = 23mm$，$D_1 =$

28mm，$D_2 = 32\text{mm}$；图 2.8（b）中主要参数：$A = 60\text{mm}$，$B = 22\text{mm}$，测定长度 $L_\text{m} = 70\text{mm}$，总长度 $L_0 = 130\text{mm}$，$C = 100\text{mm}$。

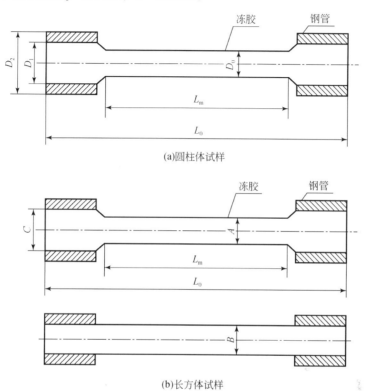

(a)圆柱体试样

(b)长方体试样

图 2.8　拉伸试样示意图

（2）实验装置及试样

在图 2.9 所示的微机控制万能材料试验机（YHS-229WG-2KN）上进行冻胶的基本性能实验，试样上端通过特制的夹具与拉压测力传感器连接，下端固定在装置的横梁，一起向下移动进行拉伸（图 2.10）。

（3）实验现象及结果分析

图 2.11 和图 2.12 所示为冻胶的变形及断裂。由图可见，在断裂前，试样发生了较大的伸长变形，并在中段出现颈缩。裂纹开始于颈缩区的一侧，然后迅

图 2.9　万能材料试验机

速扩展至整个断面。断面处光滑而不平整，胶体在断裂后回弹收缩至初始长度，无塑性变形。

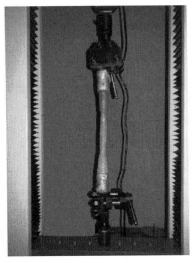

(a)圆柱体试样　　　　　　　　　　　　(b)长方体试样

图 2.10　试样的装夹

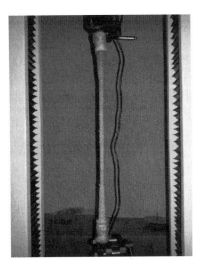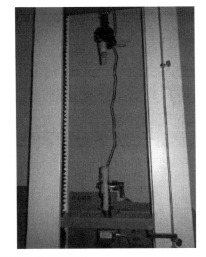

图 2.11　圆柱体冻胶拉伸断裂

(a)局部位置出现裂纹

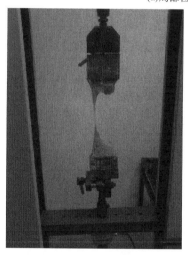

(b)裂纹扩展导致断裂

图 2.12　长方体冻胶拉伸断裂

　　冻胶的拉伸应力–应变曲线如图 2.13 所示。由图可看出，不同长度试样的实验曲线吻合较好，名义应力随着名义应变的增加近似呈线性增长，当胶体边缘出现裂纹时，胶体的应力达到最大值并保持不变，应力曲线出现一水平线段，说明胶体的承载已达到极限水平。随着裂纹的扩展，胶体的承载能力急剧下降，当胶体断裂时，应力接近 0。

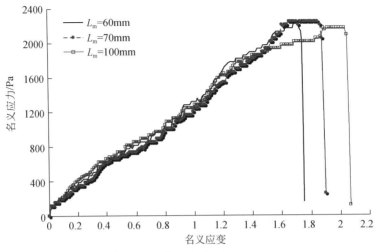

图 2.13　拉伸应力–应变曲线

根据拉伸实验，测定冻胶断裂时的应变为 1.75～2.07，随着试样测定长度的增加，断裂应变有所提高，而断裂强度变化较小，在 2170～2248Pa 范围内，表明冻胶的拉伸破坏满足最大应力准则。

冻胶的拉伸弹性模量按以下公式计算：

$$E = \frac{\sigma_2 - \sigma_1}{\varepsilon_2 - \varepsilon_1} \tag{2.8}$$

式中，σ_1，σ_2 分别是应变 ε_1，ε_2 对应的应力。取 $\varepsilon_1 = 0.01$，$\varepsilon_2 = 0.1$，根据式 (2.8) 计算三个试样的弹性模量，取平均值作为冻胶的拉伸弹性模量，$E = 1186\text{Pa}$。

2. 添加纤维素对拉伸性能的影响

添加纤维素后，手触摸感觉胶体变软，黏附性增强，将其竖立固定后，胶体蠕变明显，下部直径增大（图 2.14a）。拉伸中试样各处的直径逐渐变得均匀，伸长率增大，断面也变得犬牙交错（图 2.14b、图 2.14c），表明胶体的韧性增大。

添加纤维素前后圆柱体试样的拉伸应力–应变曲线如图 2.15 所示。由图可看出，添加纤维素后应力曲线的初始斜率降低，断裂应变显著增大，由 2.05 增至 3.45，说明纤维素对冻胶弹性模量的影响较小，主要起增韧效果。

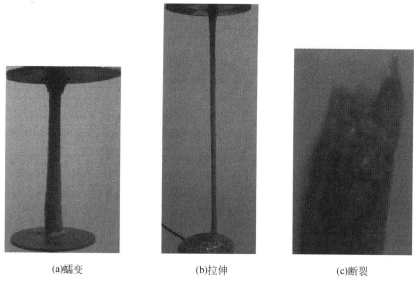

(a)蠕变　　　　　　　　(b)拉伸　　　　　　　　(c)断裂

图 2.14　添加纤维素后冻胶的拉伸断裂

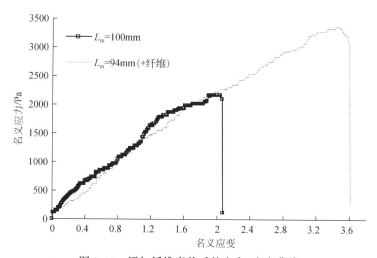

图 2.15　添加纤维素前后的应力–应变曲线

　　拉伸后以 10mm/min 的速度向上移动装置横梁，减小拉伸长度进行卸载。拉伸载荷随位移的变化如图 2.16 所示，可以看出，未添加纤维素时，冻胶的加载曲线和卸载曲线基本重合，表现为弹性，而添加纤维素后，加卸载应力曲线形成滞后环，体现了黏弹性材料的明显特征，并由环的大小反映出胶体的黏性增强。完全卸载后，胶体因为黏性不能回复到原来长度（图 2.17），永久变形对应的名义应变达到 0.446。

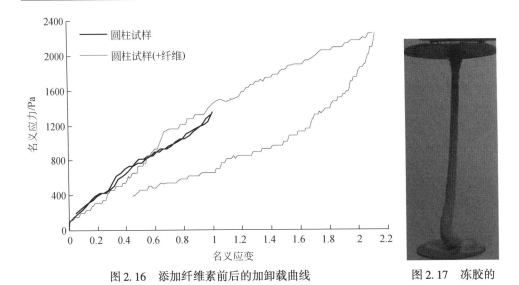

图 2.16　添加纤维素前后的加卸载曲线

图 2.17　冻胶的
黏性变形

通过以上分析可以得出冻胶是一种软、韧的线弹性材料，有较大的拉伸形变；纤维素将冻胶改性为黏弹性材料，并显著增强了冻胶的韧性。

2.3.2　压缩性能

（1）单轴压缩实验方案

配制如图 2.18 所示的圆柱状试样，使冻胶的上下端面与两平行金属板胶结。试样直径 $D_0 = 60\text{mm}$，高 $H = 40\text{mm}$，金属板直径 $D_1 = 120\text{mm}$。参考《硫化橡胶或热塑性橡胶压缩应力应变性能的测定》标准，以 10mm/min 的速度压缩试样，测量压缩过程的载荷–位移曲线。

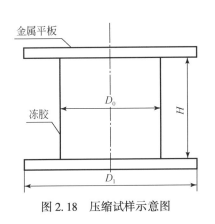

图 2.18　压缩试样示意图

图 2.19　压缩实验装置

（2）实验装置

如图 2.19 所示，平板中心焊接一小立柱以方便夹具夹持，试样下端与横梁固定，通过向上移动横梁对试样进行压缩。

（3）实验现象及结果分析

图 2.20 所示为冻胶的压缩变形。当圆柱试样受到两平行板的压缩时，胶体沿径向逐渐鼓胀，最后被压成"薄饼"状，而载荷急剧增大，并超过传感器量程，使得压缩强度未能测定。试样在整个过程中无明显裂纹，显示出很强的耐压性。

冻胶的压缩应力–应变曲线如图 2.21 所示。由图可见，当应变较小时，名义应力与应变近似呈线性关系，随着应变的增加，冻胶的鼓胀变形引起横截面不断增大，其承载能力显著增强，因此，名义应力在大应变范围内急剧提高，近似呈指数分布。比较添加纤维素前后的应力曲线可以看出，含有纤维素的胶体更软，在相同应力水平下具有更大的形变，导致应力曲线的线性段延长。冻胶的压缩模量等于直线段的斜率，两种胶体的压缩模量基本相等，取 $\varepsilon_1 = 0.01$，$\varepsilon_2 = 0.1$，根据式（2.8）确定冻胶的压缩弹性模量为 5530Pa。

图 2.20　冻胶的压缩变形

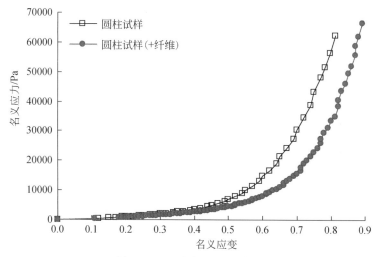

图 2.21　压缩应力–应变曲线

2.3.3 剪切性能

1. 简单剪切实验

（1）剪切实验方案

在两平行金属板间胶凝长方体冻胶，要求胶体无空洞、与壁面胶结完好。实验时固定一平板，以 10mm/min 的速度向下平行拉伸另一平板进行拉伸剪切（图 2.22）。图中的冻胶厚度为 h，剪应变 γ 与向下位移 Δl 间的关系有

$$\gamma = \arctan\left(\frac{\Delta l}{h}\right) \tag{2.9}$$

图 2.22　剪切实验示意图　　　　　图 2.23　剪切实验装置

（2）实验装置

采用上下两个特制夹具夹持试样的左右平板，如图 2.23 所示，上方的夹具与测力传感器相连并固定在支架顶部，下方的夹具固定在可上下移动的横梁上，通过横梁的下移对冻胶进行剪切，剪切力大小由拉压测力传感器测出。

（3）实验现象及结果分析

图 2.24 所示为冻胶的拉伸剪切过程，可以看出，随着左边平板的下移，两平板间的胶体受到剪切作用而发生角变形。随着变形量的增大，在胶体的上端面和下端面中心附近先后出现裂纹，然后迅速拓宽并向中部扩展，导致胶体断裂。断面位于胶体内部，而且胶体与壁面仍然胶结良好，因此，该破坏形式属于冻胶的本体破坏。由于冻胶的断面具有强黏附性，断开的两部分胶体复位接触后，能够黏合在一起。

　　　　(a)变形　　　　　　　　　(b)断裂　　　　(c)断裂后接触黏附

图 2.24　剪切破坏

　　为了确定冻胶本体的破坏规律，对长宽 70mm×30mm 的不同厚度冻胶进行拉伸剪切实验，如图 2.25 所示，不同试样具有基本相同的破坏特征，即冻胶上下两端周围的剪切断面较为平坦，而中部的厚度不均匀，存在明显断层。

图 2.25　剪切断面形貌

　　冻胶的剪切应力-应变曲线如图 2.26 所示。由图可见，随着剪应变的增加，剪应力近似按线性平缓增大，然后陡然上升并达到最大值，表明冻胶材料具有典型的剪切硬化特性。当冻胶出现较明显的裂纹时，应力急剧下降，逐渐失去抵抗剪切变形的能力。比较不同厚度的应力曲线可以看出，当冻胶的厚度发生变化时，应力曲线的斜线段基本吻合，而硬化阶段存在一定差异，体现在断裂前的最大剪应力随厚度的增加逐渐下降，其原因是测量前传感器清零，所测载荷不包括胶体自重，导致测量值小于实际载荷，而且试样越厚，测量偏差越大。

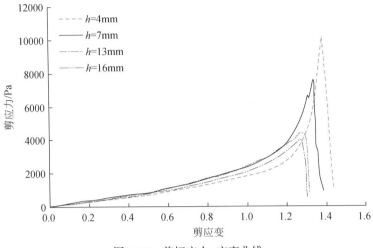

图 2.26　剪切应力–应变曲线

冻胶的剪切模量按以下公式计算：

$$G = \frac{\tau_2 - \tau_1}{\gamma_2 - \gamma_1} \tag{2.10}$$

式中，τ_1，τ_2 分别是应变 γ_1，γ_2 对应的剪应力。取 $\gamma_1 = 0.1$，$\gamma_2 = 0.2$，根据式 (2-10) 计算试样（$h = 4$mm）的初始剪切模量，得到冻胶的剪切模量 $G = 1379$Pa。

2. 添加纤维素对剪切性能的影响

添加纤维素后，冻胶的剪切韧性增强，具有较大的形变，其剪切实验如图 2.27 所示。

(a)剪切破坏过程

(b)剪切断面形貌

图 2.27　添加纤维素后的剪切实验

　　添加纤维素前后的应力–应变曲线如图 2.28 所示。由图可见，添加纤维素后，冻胶的应力曲线较为平缓，线性变形段的应力明显提高，试样（$h=4\text{mm}$）的初始剪切模量由原来的 1379Pa 增至 2966Pa；另外，胶体断裂前的形变显著增加，最大剪应变增至 1.44~1.5。

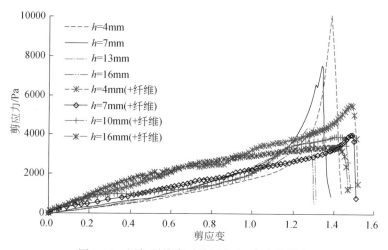

图 2.28　添加纤维素对剪切应力–应变的影响

　　添加纤维素前后的最大剪应变如图 2.29 所示。可以看出，对于不同厚度的同一种冻胶，最大剪应变非常接近，两种冻胶分别集中在区间 [1.27，1.38] 和 [1.39，1.50]，平均值为 1.32 和 1.45，上下波动小于 4.9% 和 3.2%。因此，得出冻胶的剪切破坏满足最大剪应变准则的结论，即冻胶的剪应变一旦达到最大剪应变时，冻胶的本体破坏。

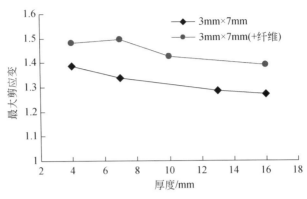

图 2.29   冻胶厚度与剪切破坏关系曲线

2.3.4   胶结性能

1. 拉拔实验

预交联液在胶凝过程中逐渐与壁面胶结，形成稳定的胶结界面。通过拉拔实验可以确定胶结力的大小。

（1）拉拔实验方案

按图 2.30 所示制备试样，要求细杆柱面与胶体胶结良好，无缺陷。实验时固定胶体，以恒定速度 10mm/min 向上拉拔细杆（$D=3.5mm$），测试作用力的变化。

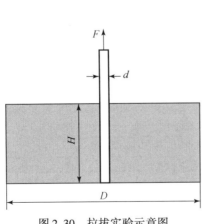

图 2.30   拉拔实验示意图

图 2.31   拉拔实验装置

（2）实验装置

采用上下两个特制夹具夹持细杆和套管（图 2.31），上方的夹具与测力传感器相连并固定在支架顶部，下方的夹具固定在可上下移动的横梁上，通过横梁的下移对冻胶进行拉拔，由拉压测力传感器测出拉力大小。

（3）实验现象及结果分析

图 2.32 所示为添加纤维素前冻胶的拉拔实验过程。拉拔细杆时，周围的胶体随之上行而显著凸起，反映出冻胶与壁面具有良好的胶结质量，而且胶结强度较高。随着进一步提升细杆，胶结部位开始破裂，同时胶体快速回复，只在细杆上残留一胶体薄层。

(a)逐渐凸起　　　　　　　　(b)最大凸起变形　　　　　　　　(c)胶体回复

图 2.32　无纤维素冻胶的拉拔过程（胶结长度 $H = 15.4$ cm）

2. 添加纤维素对胶结性能的影响

添加纤维素后，在拉拔中未见到胶体表面有明显的凸起变形（图 2.33），而且细杆的整个提升过程较为平缓，反映出冻胶与细杆的胶结质量有所下降。

(a)逐渐凸起　　　　　　　　(b)最大凸起变形　　　　　　　　(c)胶体回复

图 2.33　添加纤维素后的拉拔过程（胶结长度 $H = 15.4$ cm）

　　拉拔过程中作用力随位移的变化如图 2.34 所示。由图可见，添加纤维素前，拉拔力随位移的增加基本按线性增大，最大拉力达到 13.1N。当胶结界面断裂时，作用力急剧下降。添加纤维素后，冻胶黏性增强，对细杆产生较大的黏滞力，该力和胶结力一起形成细杆的拉拔阻力，在胶结界面断裂前都处于一个较高的应力水平，最大拉力为 7.2N。由以上分析可以看出，添加纤维素降低了冻胶与壁面的胶结强度，但使拉拔过程变得平稳，作用力较为均匀。

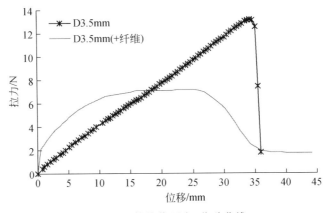

图 2.34　拉拔作用力-位移曲线

2.4　冻胶的细观结构-性能分析

　　材料的微观结构决定了宏观力学性能，冻胶的"软韧"特性与其特殊的结构密切相关。冻胶的细观结构以交联聚合物为基体、各淀粉微团为支撑中心，是一种连续基体和离散粒子共混的非均匀结构，填充粒子的形状、分布、性质对冻胶的宏观力学性能尤其韧性的提高具有显著影响。目前，建立材料细观结构与宏观力学性能的定量关系是高聚物共混改性的重要研究课题，确定细观结构对力学性能的定量影响有助于科学解释高聚物的宏观性能，为新材料结构的开发提供科学指导。Chen 和 Mai（1998）通过简化共混物细观结构，构建了细观结构的有限元三维模型，模型中以橡胶相为填充粒子，分析了结构的应力分布，通过比较不同橡胶浓度下的应力集中程度，研究了共混物的增韧机理。Stevanovic 等（2002）实验测试了乙烯酯/ABS 共混物的拉伸和冲击性能参数，并运用有限元软件 Franc2dl 数值模拟共混物物性，比较两者间的一致性。Anifantis（2000）采用平面 6 边形模型模拟纤维素复合材料结构，重点分析了界面处的应力分布特点。宋宏图（2005）运用有限元方法模拟不同橡胶粒子形状、尺寸、分布形式、添加比例、相界面层下的应力场和应变场，结合银纹化、剪切屈服和空穴化的增韧机理，分析各细观结构参数对共混体系泊松比、弹性模量和韧性的影响。

可以看出，数值模拟技术在研究细观结构对宏观力学性能的影响中起到了重要作用。针对冻胶的共混结构，运用有限元方法分析填充粒子对冻胶力学性能的影响，探讨粒子对冻胶的增韧机理，将有助于进一步掌握冻胶的材料特性。

2.4.1　增韧机理

对于共混结构，由于充填粒子与基体性能（物理化学性能、力学性能、热性能等）差异较大，在外载荷作用下，粒子周围容易出现应力集中或界面脱胶，导致材料出现银纹化、剪切屈服和空穴化，它们的出现和发展需要消耗大量能量，能有效增强材料的韧性。

剪切屈服是高聚物在切应力状态下发生的屈服形式，根据剪切形变区域大小，可分为受力区域内的大范围屈服，即扩散剪切屈服，还有发生在局部带状区域内的屈服。在外载荷作用下，充填粒子周围出现较大的应力集中，是剪切屈服最先发生的地方。因此，研究细观结构的应力分布可以确定剪切屈服的萌生位置，根据不同粒子分布、形状等因素对应力集中系数的影响，能够得到冻胶细观结构对其韧性的定量关系。

银纹化是高聚物在张应力作用下在不均匀材料薄弱处出现应力集中而产生塑性形变和取向，以至在材料表面或内部垂直于应力方向上出现微细凹槽或"裂纹"的现象。由于银纹区横向的收缩变形不足以补偿聚合物高度取向时的塑性伸长，在银纹区内产生大量密度低于本体的银纹质，这些银纹质高度反光，可见到银色闪光，也称"应力发白"。银纹的增韧机理为：当粒子周围的基体出现大量银纹时，银纹吸收塑性变形能、扩展功、表面功和化学键的断裂能，有效提高了材料的韧性；另外，银纹的增长与应力集中程度有关，随着银纹的增长和支化，银纹尖端应力集中因子下降，银纹增长减缓，当应力集中因子低于临界值时，银纹终止发展，避免发展成尖端裂纹。

空穴化是指发生在填充粒子内部或粒子与基体界面层的空洞现象。一般认为在外力作用下，粒子由于应力集中出现空洞，导致粒子周围的张应力被释放，空洞之间很薄的基体应力状态从三维变为一维，并由平面应变转化为平面应力，而这种新应力形式有利于引发剪切屈服，形成剪切带，能有效阻止裂纹的扩展。由于空穴化消耗大量能量，材料的韧性得到了增强。

从以上三种增韧机理可看出，填充粒子增强材料韧性的关键是粒子在共混体系中能起到有效应力集中源的作用，通过比较不同粒子形状、粒子分布形式、填充比例的应力场和应力集中系数，可获得冻胶结构对韧性的定量影响。

2.4.2　细观有限元模型的建立

　　根据冻胶的电镜扫描结构，对粒子的形状和尺寸进行测量，如图 2.35 所示，粒子呈类球状和类椭球状，直径主要分布在 23.2 ~ 5.5μm 范围内，不考虑纤维素时，粒子的充填比例为 10%。

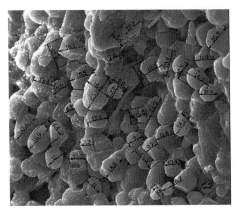

图 2.35　粒子分布

　　填充粒子的分布可以简化为三种模型。如图 2.36 所示，模型 I 的粒子分布为顺排，排列非常工整，根据结构特点，有两组元可用于分析，第 1 种针对单个粒子，而第 2 种考虑了粒子间的相互影响；模型 II 的粒子分布为叉排，相邻两列之间错开一定距离；模型 III 的粒子呈梅花状排列，考虑了空间分布的不均匀性。

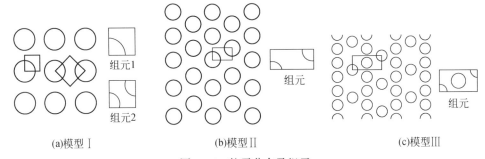

(a)模型 I　　　　　　　　　　(b)模型 II　　　　　　　　　　(c)模型 III

图 2.36　粒子分布及组元

　　研究粒子形状对冻胶力学性能的影响时，根据结构对称性，以单个球状或椭球状粒子的 1/4 及基体作为研究对象，建立图 2.36（a）中第 1 种组元的有限元模型（图 2.37）。

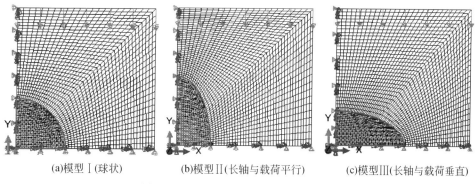

(a)模型Ⅰ(球状)　　　　(b)模型Ⅱ(长轴与载荷平行)　　　(c)模型Ⅲ(长轴与载荷垂直)

图 2.37　不同粒子形状的有限元模型

研究粒子分布形式对冻胶力学性能的影响时，根据图 2.36 中三种不同分布组元建立球状粒子的有限元模型，粒子直径 $11\mu m$，填充比例 10%（图 2.38）。

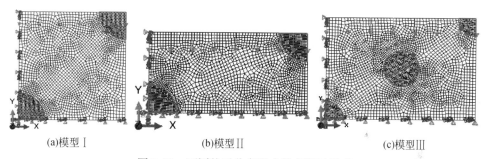

(a)模型Ⅰ　　　　　　　(b)模型Ⅱ　　　　　　　(c)模型Ⅲ

图 2.38　不同粒子分布形式的有限元模型

研究球状粒子填充比例对冻胶力学性能的影响时，建立图 2.36（a）中第 1 种组元的有限元模型，填充比例分别为 5%，15%（图 2.39）。

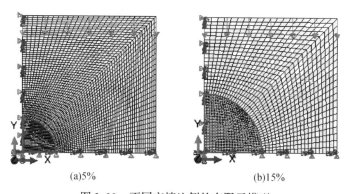

(a)5%　　　　　　　　　　(b)15%

图 2.39　不同充填比例的有限元模型

有限元模型的边界条件：左边和底部设置对称边界，用于约束 x 和 y 方向的位移，顶部施加向下的位移载荷。材料参数：聚合物基体的压缩模量和泊松比分别为6000Pa，0.499；填充粒子的压缩模量和泊松比分别为2200Pa，0.38。

2.4.3 有限元计算方法

胶体在外载荷作用下发生小变形时，由经典弹性理论，在小形变范围内，应变与位移有以下关系：

$$\{\zeta\} = [L]\{\delta\} \tag{2.11}$$

式中，$\{\zeta\}$ 是应变；$[L]$ 是微分算子；$\{\delta\}$ 为胶体内任意点的位移向量。结合有限元模型，单元内任意点的位移分量 $\{\delta\}^e$ 可表示为空间坐标的函数，有

$$\{\delta\}^e = [N]\{\mu\}^e \tag{2.12}$$

式中，$[N]$ 是插值函数矩阵；$\{\mu\}^e$ 是单元内节点的位移向量。

将式（2.12）代入式（2.11），得

$$\{\zeta\} = [L][N]\{\mu\}^e = [B]\{\mu\}^e \tag{2.13}$$

当弹性材料为各向同性时，应变与应力有以下关系：

$$\{\sigma\} = [D]\{\zeta\} \tag{2.14}$$

式中，$[B]$ 是应变矩阵；$\{\sigma\}$ 是应力；$[D]$ 是应力矩阵。

根据虚功原理，外力沿虚位移所作的功等于弹性体内各点的应力在虚应变上所作的虚功之和，表达式为

$$\int_V \delta\{\zeta\}^T\{\sigma\}dV = \delta\{\mu\}^T\{P\} \tag{2.15}$$

将式（2.13）～式（2.14）代入式（2.15），可得

$$[K]^e\{\mu\}^e = \{P\}^e \tag{2.16}$$

式中，$[K]^e$ 是单元刚度矩阵；$\{P\}$ 是单元内节点的载荷向量。

根据迭代原理可得胶体的整体刚度方程：

$$[K]\{\mu\} = \{P\} \tag{2.17}$$

式中，$[K]$ 是结构整体刚度；$\{\mu\}$ 是结构节点位移列阵；$\{P\}$ 是结构节点载荷列阵。

由上式可得，在一定外载荷下，结构节点的位移列阵取决于整体刚度，通过求解式（2.17），可确定节点位移，并计算出胶体的应变、应力。

2.4.4 有限元分析结果分析

1. 粒子形状的影响

图2.40～图2.42所示为不同粒子形状的 Mises 应力分布。在压缩载荷作用

下，由于粒子与基体物性的不同，在粒子与基体间有不连续的应力分布，最小应力集中在较软的粒子及其正上方向左边界逐渐收缩的区域内，粒子主要起应力传递的作用；最大应力分布在粒子−基体界面靠近底部附近，自该处到右上角以下的区域有较高的应力水平，较硬的基体承担了大部分载荷。随着载荷的增大，最大应力处最先进入塑性屈服阶段，出现剪切屈服和银纹化，起增强胶体韧性的作用。

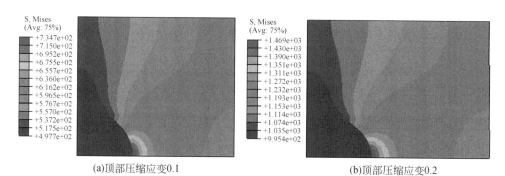

(a)顶部压缩应变0.1　　　　　　　　　(b)顶部压缩应变0.2

图 2.40　球状粒子的 Mises 应力分布

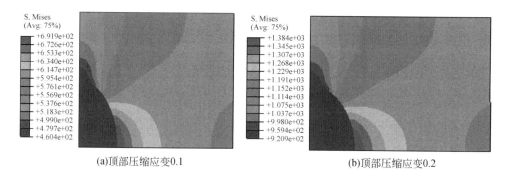

(a)顶部压缩应变0.1　　　　　　　　　(b)顶部压缩应变0.2

图 2.41　椭球粒子的 Mises 应力分布（长轴与载荷方向平行）

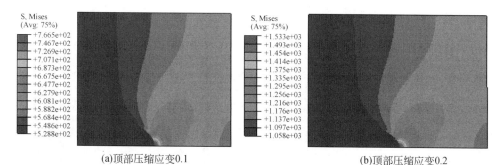

(a)顶部压缩应变0.1　　　　　　　　　(b)顶部压缩应变0.2

图 2.42　椭球粒子的 Mises 应力分布（长轴与载荷方向垂直）

比较不同粒子形状的 Mises 应力分布可以看出，当椭球粒子的长轴与载荷方向平行时，界面上的最大应力范围扩大，应力集中程度下降，当椭球粒子的长轴与载荷方向垂直时，界面上的最大应力范围缩小，应力值降低。三种粒子的最大应力集中系数分别为 1.28，1.2，1.34，表明在相同位移载荷下，与载荷方向垂直的粒子尺寸越大，应力集中越显著，胶体韧性更高。充填不同形状粒子时，胶体的压缩模量和泊松比如表 2.1 所示。

表 2.1　不同粒子形状时的压缩模量和泊松比

模型	Ⅰ	Ⅱ	Ⅲ
压缩模量/Pa	5753	5771	5736
泊松比	0.483	0.484	0.481

由表 2.1 可看出，在相同的粒子填充比例下，胶体的压缩模量和泊松比随粒子形状发生一定的变化。最大应力集中系数较小的模型具有较高的压缩模量和泊松比。

2. 粒子分布形式的影响

图 2.43 ~ 图 2.45 所示为球状粒子不同分布时的 Mises 应力分布。由图可看出，出现最大应力的位置与前面单个粒子的基本相同，较高应力分布在两个粒子中心连线的带状区域。与第Ⅰ种粒子分布相比，第Ⅱ种的两粒子水平距离较远，高应力区范围明显扩大，应力分布趋于均匀，而第Ⅲ种模型的应力进一步趋于平缓，应力集中程度较小。三种分布方式下的最大应力集中系数分别为 1.29，1.26，1.25，可以看出，第Ⅰ种分布形式为顺排，粒子排列工整，相邻粒子间距相等，粒子产生的应力集中效果最显著，更有利于诱发屈服和银纹化，起增强胶体韧性的作用；当粒子分布不均匀时，粒子间的相互作用降低了最大应力值，减弱了粒子作为应力集中源的效果。由前面对样品 4、样品 5 的比较可得，由于纤维素的位阻作用，样品 5 的淀粉颗粒分布趋于分散和均匀，因此，样品 5 具有更大的韧性。

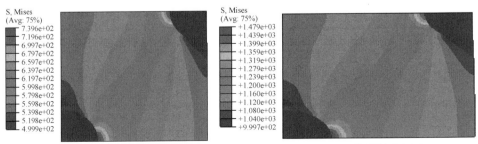

(a)顶部压缩应变0.1　　　　　　　　(b)顶部压缩应变0.2

图 2.43　模型Ⅰ的 Mises 应力分布

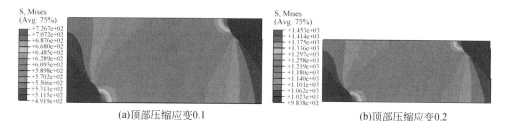

(a)顶部压缩应变0.1　　　　　　　　　(b)顶部压缩应变0.2

图 2.44　模型 Ⅱ 的 Mises 应力分布

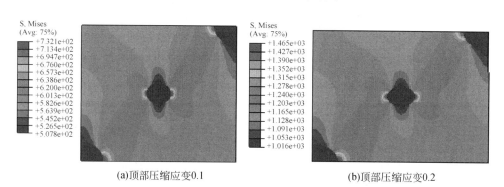

(a)顶部压缩应变0.1　　　　　　　　　(b)顶部压缩应变0.2

图 2.45　模型 Ⅲ 的 Mises 应力分布

　　不同粒子分布形式对胶体压缩模量和泊松比的影响如表 2.2 所示。可以看出，在相同的粒子充填比例下，胶体的压缩模量和泊松比随粒子分布形式发生变化。对于最大应力集中系数较高的粒子分布形式，胶体的压缩模量和泊松比较小。

表 2.2　不同粒子分布形式时的压缩模量和泊松比

模型	Ⅰ	Ⅱ	Ⅲ
压缩模量/Pa	5747	5752	5867
泊松比	0.476	0.479	0.487

3. 粒子填充比例的影响

　　图 2.46 ~ 图 2.47 所示为球状粒子充填比例分别为 5%、15% 时的 Mises 应力分布。由图可看出，随着粒子比例的增大，最大、最小应力的分布范围相对计算区域增大，使得粒子周围的应力变化梯度增加，最大应力集中系数也逐渐提高，分别为 1.27（5%），1.28（10%），1.29（15%）。

　　粒子充填比例对胶体压缩模量和泊松比的影响如表 2.3 所示。可以看出，填充的粒子数增加引起胶体的压缩模量和泊松比进一步下降。样品 5 在样品 4 的基础上添加纤维素，使得较软的离散相（淀粉+纤维素）比例提高，降低了胶体抵抗压缩变形的能力，胶体整体变软，同时可压缩性增大。

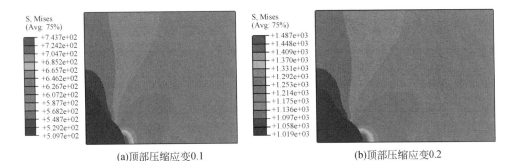

(a)顶部压缩应变0.1　　　　　　　　　　　　(b)顶部压缩应变0.2

图2.46　充填比例5%的 Mises 应力分布

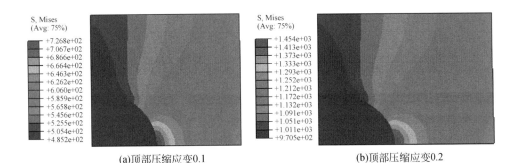

(a)顶部压缩应变0.1　　　　　　　　　　　　(b)顶部压缩应变0.2

图2.47　充填比例15%的 Mises 应力分布

表2.3　不同粒子填充比例时的压缩模量和泊松比

模型		I	II	III
压缩模量/Pa	有限元	5875	5753	5636
	混合法	5810	5620	5430
泊松比	有限元	0.491	0.483	0.474
	混合法	0.493	0.487	0.481

以上采用有限元方法确定胶体的压缩模量 E 和泊松比 μ，这里采用混合法进行估算，即根据各组分比例确定共混物参数，有

$$E = \alpha_k E_k + (1 - \alpha_k) E_j \qquad (2.18)$$

$$\mu = \alpha_h \mu_k + (1 - \alpha_k) \mu_j \qquad (2.19)$$

式中，α_k 为颗粒的填充比例；E_k，E_j 分别为颗粒和基体的压缩模量；μ_k，μ_j 分别为颗粒和基体的泊松比。

由表2.3可见，混合法和有限元法计算的压缩模量及泊松比均存在一定差异，前者的模量稍小于后者的，而前者的泊松比略大于后者的计算结果，当填充比例较高时，两者间的差距较大。

2.5　小　　结

以聚丙烯酰胺（HPAM）为主剂，考虑与 Cr^{3+} 的交联反应、淀粉的支撑作用和纤维素的增韧作用，制备 5 种不同胶体，并对微观结构进行表征，重点对常用的冻胶（HPAM+Cr^{3+}+淀粉）开展黏弹性、力学性能研究。

1）通过小幅震荡剪切应力扫描试验测试了冻胶储能模量 G' 和损耗模量 G'' 随振荡频率 ω 的变化。结果表明，在 $0.01 \sim 100 rad/s$ 的振荡频率范围内，冻胶主要表现为弹性，添加纤维素后，冻胶的黏弹性显著增强。

2）建立了冻胶基本力学性能的测试方法，确定了冻胶的拉伸、压缩、剪切、胶结性能。结果表明：冻胶的材料特性表现为"软而韧的线弹性"，具有较大的形变和较低的模量，能与金属壁面形成胶结层，断裂后具有强黏附性；冻胶的剪切破坏服从"最大剪应变"准则，添加纤维素后，冻胶的韧性增强，抗剪切破坏的能力得到有效提高；另外，纤维素影响胶体与壁面的胶结强度，添加纤维素后，界面上的冻胶性能较均匀，但强度有所下降。

3）根据冻胶的结构形貌，建立了冻胶细观结构的简化模型，运用有限元方法模拟计算填充粒子周围的应力场和最大应力集中系数，结合增韧机理，确定了不同粒子形状、分布形式、填充比例对胶体韧性、压缩模量、泊松比的定量影响，揭示了冻胶的软、韧特性及纤维素的增韧作用。

第3章　冻胶段塞的封隔特性研究

聚丙烯酰胺与 Cr^{3+} 离子交联反应形成的网状结构冻胶具有一定强度，能够承受拉伸、压缩、剪切等载荷，同时，胶体与金属壁面形成胶结界面，具备形成段塞的本体和界面密封条件。冻胶段塞的封隔抗压能力受许多因素影响，在一定成胶条件（温度、压力等）下，冻胶段塞的密封抗压强度主要与冻胶的材料性能、长度、直径有关，确定它们之间的关系是进行冻胶段塞设计的基础。本章主要针对目前常用的冻胶（HPAM+Cr^{3+}+淀粉）开展段塞封隔特性研究，实验测试不同直径、长度冻胶段塞的密封抗压强度，同时对套管中冻胶段塞的应力和抗压强度进行有限元分析，在此基础上，通过理论推导，确定段塞的封隔抗压规律，探讨提高段塞封隔能力的对策。

3.1　段塞的密封抗压实验研究

3.1.1　实验方案

冻胶段塞的密封抗压强度定义为：套管或油管中一定长度冻胶段塞所能封隔的气体或液体最大压力。若下方流体的压力超过段塞的密封抗压强度，冻胶本体或冻胶-套管胶结界面发生破坏，流体沿着断裂带窜出导致密封失效。因此，通过测试封隔流体的压力变化可以确定冻胶段塞的封隔情况。实验思路为：首先在模拟套管内形成一段冻胶，然后向冻胶下方封闭空间注入一定压力的气体形成憋压，根据一段时间内的压力变化，判断段塞静密封的稳定性，通过逐渐增大气压，确定段塞所能密封的最大压力，即段塞的密封抗压强度。

实验步骤为：

①按配方配置一定量的预交联液，搅拌均匀至黏度上升时注入油管内；

②加热至80℃后恒温12小时进行候凝成胶；

③油管下端通过管线连接气源进行通气试压，检查接口的气密封性；

④增大注入气体的压力，然后关闭气源阀门，观察压力表变化，若压力保持稳定，表明段塞能有效密封；

⑤重复步骤④，继续增大注入压力直至段塞底部的静压下降，确定段塞能封隔的最大气压，记为段塞的抗压强度；

⑥改变管径和管长，重复以上步骤，获取段塞结构尺寸对其抗压强度的影响关系。

3.1.2　实验装置

在两套实验装置中测试冻胶段塞的密封抗压强度，装置一采用较大管径的模拟套管，以方便观察冻胶段塞的局部破坏情况；装置二为根据相似准则建立的小管径台架，用于预测现场所用段塞的抗压强度。

1.大管径实验装置

大管径实验装置主要由套管总成、加热控温模块、气源模块和采集测量模块几部分组成。在套管总成上可同时进行最多 6 根套管的模拟实验，套管长 1m，内径分别为 36.5mm，62.5mm 等，采用空压机和控制气阀提供稳定气源，最大压力 5MPa，通过压力传感器和计算机及配套软件对数据进行采集存储，实验台架如图 3.1 ~ 图 3.2 所示。

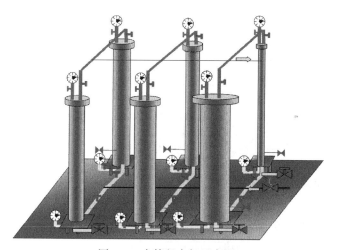

图3.1　大管径台架示意图

2.相似实验装置

现场应用的冻胶段塞长度达到 200 ~ 350m，在返排过程中表现为整体挤出，为了研究整段冻胶的密封抗压性能，有必要建立冻胶段塞的相似理论和模型，开展相似实验。

（1）相似准则

为了便于分析，作相关假设：随着压力 P 的增大，冻胶–套管的胶结界面发生破坏，出现冻胶相对管壁的整体滑移；冻胶将要滑移时，胶结界面的切应力 τ_0（极限静切应力）沿高度均匀分布。

如图 3.3 所示，段塞原型所能承受的最大压力 P_{max} 为

$$P_{max}\frac{\pi d_i^2}{4}=\pi d_i L\tau_0+\rho g L\frac{\pi d_i^2}{4} \tag{3.1}$$

或

$$P_{max}-\rho g L=\frac{4L\tau_0}{d_i} \tag{3.2}$$

式中，d_i 为段塞原型的直径；L 为段塞原型的长度；ρ 为冻胶密度。

同理，对于冻胶模型，有

$$P'_{max}-\rho g L_m=\frac{4L_m\tau_0}{d_{im}} \tag{3.3}$$

式中，P'_{max} 为段塞模型所能承受的最大压力；d_{im} 为段塞模型的直径；L_m 为段塞模型的长度。

图 3.2 大管径实验台架

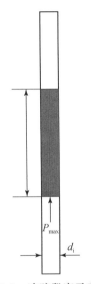

图 3.3 冻胶段塞示意图

将式（3.2）除以式（3.3），得到冻胶的动力相似准则表达式：

$$\frac{P_{max}-\rho g L}{P'_{max}-\rho g L_m}=\frac{\dfrac{L}{d_i}}{\dfrac{L_m}{d_{im}}} \tag{3.4}$$

由式（3.4）可见，原型与模型的抗压强度之间的关系与它们的长度和直径比值有关。忽略重力时，式（3.4）简化为

$$\frac{P_{max}}{P'_{max}} = \frac{\dfrac{L}{d_i}}{\dfrac{L_m}{d_{im}}} \tag{3.5}$$

可得出，冻胶长度和直径按一定比例缩小，即模型和原型的长径比相同时，模型和原型的抗压强度也相等。

（2）装置设计

由式（3.4）可得，长径比越大，段塞的抗压强度越高。由于实验室高度的限制，装置采用小直径管线来模拟套管以获得较高的抗压强度（图3.4、图3.5）。管线内径有 4mm，5mm，6mm，10mm 和 14mm 等不同型号，采用注射器将预交联液注入管线内。装置的气源模块包括氮气瓶和减压阀，采用压力传感器测定施加在段塞端面的气体压力，加热装置包括加热带和控制柜两部分。

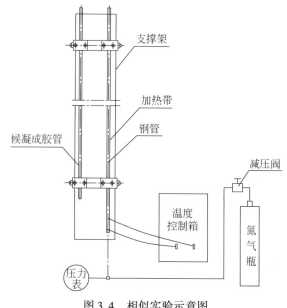

图3.4　相似实验示意图

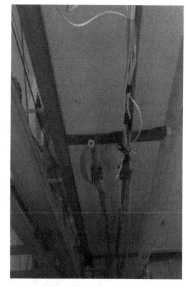

图3.5　相似实验台架

3.1.3　实验结果分析

1. 大管径实验结果分析

图3.6 所示为直径36.5mm、长0.45m 冻胶段塞的实验压力变化曲线。向冻

胶底部注入一定量气体后，无气体渗透和泄漏发生，压力表显示稳定，表明冻胶在套管内具有良好的封隔效果；当作用在冻胶底部的压力较大时，每次加载后压力都出现小幅度的下降，然后保持稳定。其原因是冻胶底部在压力作用下发生了压缩变形，导致气腔容积增大、压力降低。随着气体压力的提高，冻胶的压缩变形增加，压力下降幅度增大，当压力快速下降而不能保持稳定时，冻胶段塞密封失效。这时观察到段塞上表面靠近边壁处发生鼓泡破裂，继而发生气窜（图3.7）。

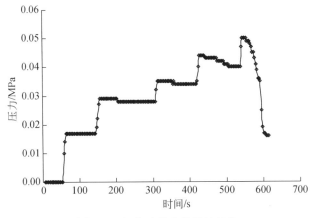

图 3.6　加载过程中静压的变化

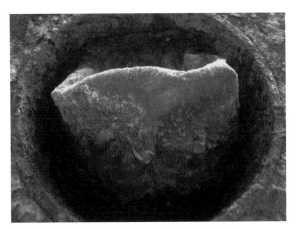

图 3.7　冻胶鼓泡破裂

　　压力曲线上最高水平线段所代表的压力是一定尺寸段塞能稳定封隔的最高压力，即密封抗压强度，图 3.6 中的抗压强度为 0.038MPa。通过对不同长度冻胶段塞进行测试，确定段塞长度与抗压强度的关系曲线（图3.8）。

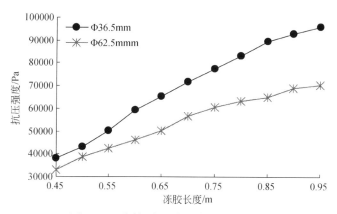

图 3.8 不同长度段塞的密封抗压强度

由图 3.8 可看出，随着长度的增加，段塞的密封抗压强度近似按线性提高然后趋于平缓；在相同长度下，管径小的段塞具有较高的抗压强度，且强度随长度的变化率较大。

2. 相似实验结果分析

当增大注入压力到一定值时，压力表显示压力反而下降，同时可见到圆柱状冻胶从套管的顶部逐渐被挤出（图 3.9），管壁面残留一光滑薄膜，该薄层冻胶可用弱界面层理论进行解释。按弱界面层理论，当聚合物不能很好浸润被粘物表面时，在胶体和被粘物之间会形成性能变化的界面层，体系破坏大多发生在该层，其胶结力是决定黏接强度的主要因素。因此，这种大长径比段塞的密封失效形式为界面破坏，抗压强度主要取决于界面的胶结强度。

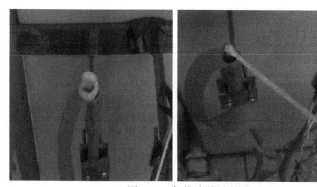

图 3.9 条状冻胶被挤出

不同长度冻胶段塞的密封抗压能力如图 3.10 所示。相同直径段塞的抗压强度随长度的增加近似按线性增大，在相同长度下，管径越大的段塞其抗压强度越小。

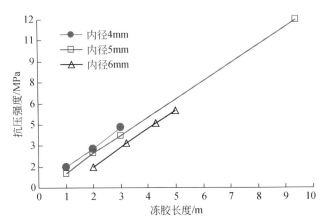

图 3.10　不同长度冻胶段塞的密封抗压强度

根据动力相似准则式（3.4），冻胶原型的最大密封压力（抗压强度）为

$$P_{\max} = \frac{P'_{\max} - \rho g L_{m}}{L_{m}/d_{im}} \frac{L}{d_{i}} + \rho g L \tag{3.6}$$

式中，$\dfrac{P'_{\max} - \rho g L_{m}}{L_{m}/d_{im}}$与冻胶配方、尺寸有关，需要通过实验进行确定。因此，将以上不同长度段塞的抗压强度数据代入该项，计算出对应的数值，结果如表 3.1 所示。

表 3.1　$\dfrac{P'_{\max} - \rho g L_{m}}{L_{m}/d_{im}}$计算结果

序号	钢管内径/mm	管长/m	$\dfrac{P'_{\max} - \rho g L_{m}}{L_{m}/d_{im}}$	标准偏差 $S = \sqrt{\dfrac{1}{N-1}\sum\limits_{i=1}^{N}(X_{i}-\bar{X})^{2}}$	相对标准偏差% $S/\bar{X}$
1	4	1.0	5955.2		
2	4	2.0	5555.2		
3	4	3.0	5688.5		
4	5	1.0	4944.0		
5	5	2.0	6194.0		
6	5	3.0	6110.7	638.9	10.97
7	5	9.4	6327.0		
8	6	2.0	4432.8		
9	6	3.2	5932.8		
10	6	4.3	6351.4		
11	6	5.0	6532.8		
平均值 $\bar{X}$			5820.4		

注：N 为样本数；X_{i} 为样本。

由 11 组数据计算的 $\dfrac{P'_{\max}-\rho g L_{\mathrm{m}}}{L_{\mathrm{m}}/d_{\mathrm{im}}}$ 平均值等于 5820.4Pa，相对标准偏差 10.97%。因此，基于相似实验确定的密封抗压强度公式为

$$P_{\max}=\frac{5820.4L}{d_{\mathrm{i}}}+\rho g L \tag{3.7}$$

式中，5820.4 是与冻胶–套管胶结强度有关的系数，主要取决于冻胶配方。

由式（3.7）可得，对于一定配方的冻胶，密封抗压强度主要取决于段塞的长径比，段塞越长、直径越小，其密封抗压强度就越高。

3.1.4　挤压实验研究

大长径比段塞的密封失效形式表现为冻胶的挤出，为了进一步确定冻胶在挤出过程的力学特点，通过开展冻胶的挤压实验，测试挤压力随位移的变化，分析冻胶的挤压变形。

（1）实验方案

在套管中形成一段冻胶段塞，并固定在支座上，以 10mm/min 的速度推动圆形挤压板使冻胶相对套管整体滑移（图 3.11），测量挤压载荷和位移。

（2）实验装置

套管内外径分别为 84.5mm，95mm，冻胶长度 150mm，直径 82mm 的挤压板与推杆固定，推力大小通过上方的拉压力传感器进行测试（图 3.12）。

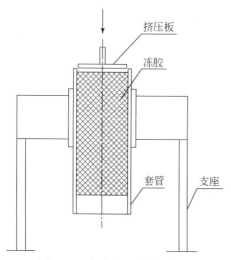

图 3.11　冻胶挤压实验示意图

图 3.12　冻胶挤压实验装置

（3）实验现象及结果分析

在推动平板向下挤压冻胶段塞的过程中，冻胶发生了整体滑移，但套管内壁

面上仍残留厚度不均的胶体薄层，局部呈现片状（图 3.13）。

图 3.13　冻胶段塞的挤出过程

挤出后的冻胶段塞较为完整，无大片开裂和破碎出现，表现出良好的抗压韧性和强度（图 3.14）。

图 3.15 所示为挤压力随挤压位移的变化。由图可见，挤压力首先随位移的增加近似按线性增大，在这阶段发生段塞挤压端的压缩变形（图 3.16a），然后胶体与壁面逐渐脱离。随着向下挤压位移的增大，脱胶段不断增长，压缩变形区域进一步扩大（图 3.16b）；当脱胶段达到一定长度时，段塞相对壁面发生整体滑移，挤压力急剧下降并趋于平缓。

由以上对挤压过程的分析可以得出：段塞整体滑移前，并不是所有的界面同时发生破坏，而是受压端最先发生脱胶，引起应力状态由剪切到压缩的变化，起

图 3.14 挤出后的冻胶段塞

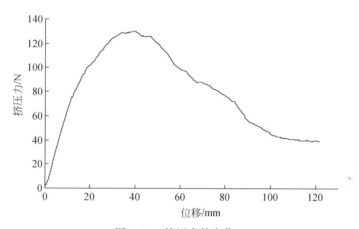

图 3.15 挤压力的变化

(a)挤压端胶体变形

(b)胶结部分破坏

图 3.16 冻胶的变形过程

到将上端压载传递给下端胶结段的作用；在整个挤压过程中，段塞的变形和应力沿挤压方向发生传递，它们沿程的分布、变化受冻胶–套管结构及胶体材料所决定，与段塞的抗压强度密切相关。

3.2 段塞力学行为的有限元分析

套管中冻胶段塞的力学特性表现为冻胶应力和形变沿载荷方向的传递，确定传递规律是研究冻胶段塞力学行为的关键，对于掌握段塞的密封抗压特性具有重要帮助。有限元分析作为研究结构力学行为的重要手段，在冻胶段塞力学研究中的应用有助于获得详细的应力应变分布细节，为冻胶力学行为的研究提供参考依据。

3.2.1 冻胶的本构模型

高聚物在玻璃化温度以上处于超弹态（高弹态），往往兼备固体、液体和气体的某些性质，所呈现的力学性能——超弹性是高聚物的一个重要优异性能，表现为大弹性变形、低弹性模量随温度增加而增加、熵弹性等特点，建立准确描绘冻胶材料参数的本构模型是进行冻胶材料强度和应力分析的基础。

1. 基本本构关系

当前，超弹态本构模型的种类有很多，主要基于交联结构胶体的超弹性统计理论和唯象理论，这些理论都通过单位体积的应变能函数来表示胶体的应力–应变关系。

（a）Arruda-Boyce 模型（8 链模型）

该模型是对从单元中心辐射到角点的非高斯型链的统计处理：

$$W = \mu \sum_{i=1i}^{5} \frac{C_i}{\lambda_L^{2i-2}} (I_1^i - 3^i) + \frac{1}{d} \left(\frac{J^2 - 1}{2} - \ln J \right)$$

式中，μ，λ_L，d 是材料参数，$C_1 = 1/2$，$C_2 = 1/20$，$C_3 = 11/1050$，$C_4 = 19/7050$，$C_5 = 519/673750$，J 是弹性体积比。

（b）Marlow 模型

$$W = W_{dev}(I_1) + W_{vol}(J)$$

式中，$W_{dev}(I_1)$、$W_{vol}(J)$ 分别是应变偏量能和体积应变能。

（c）多项式模型

应变能的多项式形式基于第一和第二应变不变量：

$$W = \sum_{i+j=1}^{N} c_{ij}(I_1 - 3)^i (I_2 - 3)^j + \sum_{k=1}^{N} \frac{1}{d_k} (J - 1)^{2k}$$

式中，N 是多项式阶数；c_{ij} 和 d_k 为相同温度下的材料参数；d_k 表示材料的可压缩性。初始体积模量和初始剪切模量分别定义为 $\mu = 2$（$c_{10} + c_{01}$），$\kappa = 2/d_1$。

（d）Mooney-Rivlin 模型

Mooney-Rivlin 模型是多项式的特殊情形，有 2，3，5 和 9 项几种形式。

当 $N = 1$ 时，得到 2 项 Mooney-Rivlin 模型：

$$W = c_{10}(I_1 - 3) + c_{01}(I_2 - 3) + \frac{1}{d}(J - 1)^2$$

当 $N = 2$ 且 $c_{20} = c_{02} = 0$ 时，为 3 项 Mooney-Rivlin 模型：

$$W = c_{10}(I_1 - 3) + c_{01}(I_2 - 3) + c_{11}(I_1 - 3)(I_2 - 3) + \frac{1}{d}(J - 1)^2$$

当 $N = 2$ 时，得到 5 项 Mooney-Rivlin 模型：

$$W = c_{10}(I_1 - 3) + c_{01}(I_2 - 3) + c_{20}(I_1 - 3)^2 + c_{11}(I_1 - 3)(I_2 - 3) + c_{02}(I_2 - 3)^2 + \frac{1}{d}(J - 1)^2$$

当 $N = 3$ 时，得到 9 项 Mooney-Rivlin 模型

$$\begin{aligned} W = {} & c_{10}(I_1 - 3) + c_{01}(I_2 - 3) + c_{20}(I_1 - 3)^2 + c_{11}(I_1 - 3)(I_2 - 3) \\ & + c_{02}(I_2 - 3)^2 + c_{30}(I_1 - 3)^3 + c_{21}(I_1 - 3)^2(I_2 - 3) + c_{12}(I_1 - 3)(I_2 - 3)^2 \\ & + c_{03}(I_2 - 3)^3 + \frac{1}{d}(J - 1)^2 \end{aligned}$$

（e）Neo-Hookean 模型

对于减缩多项式，$N = 1$ 就得到 Neo-Hookean 模型：

$$W = c_{10}(I_1 - 3) + \frac{1}{d}(J - 1)^2$$

（f）Ogden 模型

Ogden 应变能函数是一种基于主延伸率的现象学模型：

$$W = \sum_i^N \frac{\mu_i}{\alpha_i}(\lambda_1^{\alpha i} + \lambda_2^{\alpha i} + \lambda_3^{\alpha i} - 3) + \sum_{k=1}^N \frac{1}{d_k}(J - 1)^{2k}$$

（g）Van der Waals 模型

$$W = \mu\left\{-(\lambda_L^2 - 3)\left[\ln(1 - \eta) + \eta\right] - \frac{2}{3}\alpha\left(\frac{I - 3}{2}\right)^{3/2}\right\} + \frac{1}{d}\left(\frac{J^2 - 1}{2} - \ln J\right)$$

式中，$I = (1 - \beta)I_1 + \beta I_2$，$\eta = \sqrt{\dfrac{I - 3}{\lambda^2 - 3}}$，$\alpha$ 为全局相互作用参数，β 为不变量混合参数。

（h）Yeoh 模型

$$W = c_{10}(I_1 - 3) + c_{20}(I_1 - 3)^2 + c_{30}(I_1 - 3)^2 + \frac{1}{d_1}(J - 1)^2 + \frac{1}{d_2}(J - 1)^4 + \frac{1}{d_3}(J - 1)^6$$

在以上几种模型中，Mooney-Rivlin、Neo-Hookean 和 Arruda-Boyce 多用于小

变形和中等变形, 而 Yeoh、二阶或二阶以上的 Ogden 模型及 Vander Wals 模型主要用于大变形。这些模型在橡胶的有限元力学分析中得到广泛应用, 但模型中的相关参数必须通过单双轴拉伸、压缩、纯剪切、体积压缩等基本实验确定。

2. 本构模型的建立

套管中冻胶段塞在底部压力、胶结力的共同作用下, 发生压缩和剪切形变, 处于压剪应力状态。因此, 描绘材料这种应力–应变关系的本构模型也应能同时描绘这两种变形模式。这里先根据压缩实验数据对以上本构模型进行拟合比较, 初步筛选合适的模型, 然后再运用这些模型进行简单剪切的有限元分析, 通过与对应的实验数据进行比较, 最终确定合理的本构模型。

基于单轴压缩实验, 应用最小二乘法对不同本构关系式进行拟合, 得出 Arruda-Boyce、Ogden_N1、Van der Waal、Polynomial_N1、R_Polynomial ($N = 1$, 2) 等模型在实验范围内能够满足稳定性要求, 而其他模型在某些应变上变得不稳定, 容易导致有限元计算不收敛, 且不能真实模拟实际情况。本构模型的拟合曲线如图 3.17 所示。

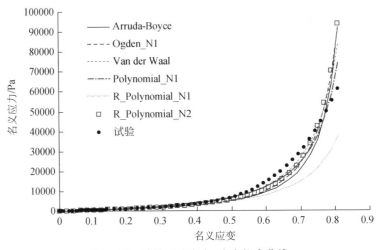

图 3.17 单轴压缩应力–应变拟合曲线

由图 3.17 可见, Arruda-Boyce、Ogden_N1、Van der Waal、Polynomial_N1、R_Polynomial ($N = 1$, 2) 等模型与压缩实验曲线的趋势基本相同, 在名义应变小于 0.4 的区间内高度一致。当应变大于 0.5 时, R_Polynomial_N2 的应力显著小于实验值, Arruda-Boyce、Van der Waal 和 Polynomial_N1 模型与实验数据吻合较好。

各本构模型的相关系数如表 3.2 所示。由于假设冻胶不可压缩, 模型中表示材料压缩性的系数 d 都等于 0。

表 3.2　各本构模型的相关系数

模型	系数
Polynomial_N1	C_{10}、C_{01}、d_1 742.581、118.420、0
Arruda-Boyce	μ、λ_L、d 1069.870、1.91、0
Van der_Waal	μ、λ_m、α、β、d 1055.931、359.459、−0.973、0、0
R_Polynomial_N1	C_{10}、C_{01}、d_1 693.435、0、0
R_Polynomial_N2	C_{10}、C_{20}、C_{01}、C_{11}、C_{02}、D_1、D_2 620.636、73.243、0、0、0、0、0
Ogden_N1	μ_1、α_1、d_1 1337.887、3.909、0

以上由压缩实验建立的本构模型再与剪切实验比较，进一步确定其适用性。

运用有限元方法建立的简单剪切模型如图 3.18 所示。模型尺寸与简单剪切试样相同，钢板厚 1mm、间距 7mm，冻胶的长、宽分别为 7cm、3cm，采用 8 节点线性砖块单元 C3D8RH 进行网格划分。已知约束及载荷条件为：下平板设置 6 个自由度的位移约束进行固定，上平板施加沿 x 轴的位移载荷。

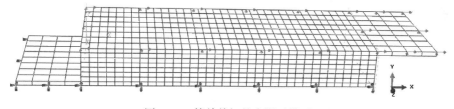

图 3.18　简单剪切的有限元模型

简单剪切的有限元计算结果如图 3.19 所示。由图可见，Arruda−Boyce、Ogden_N1、Van der Waal、R_Polynomial_N2 等曲线形状与实测曲线的差距较大，表现为预测的剪切力随着位移的增加，急剧增大，远高于实验值，说明在仅有压缩数据的情况下，这些模型未能准确描绘冻胶的剪切行为。Polynomial_N1 和 R_Polynomial_N1 曲线与实验曲线较为一致，尤其后者的吻合程度更高，但该模型对单轴压缩数据的拟合精度较差，未能准确描绘冻胶的压缩行为。通过以上对各模型在压缩、剪切两种应力状态下的拟合情况进行比较，得出 Polynomial_N1 模型对压剪力学行为的描绘效果较好，能够满足冻胶段塞的有限元分析要求。

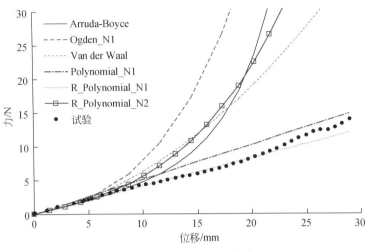

图 3.19　剪切力–位移曲线

　　冻胶简单剪切的应力应变分布如图 3.20 ~ 图 3.21 所示。向右平行拉伸上平板时，左右两个端面的锐角边缘承受最大的剪切作用，具有最大的 Mises 应力和剪应变 γ_{12}（图 3.20a、图 3.21a），最小 Mises 应力分布在端面中部与钝角边之间。随着剪切位移的增大，最大剪应力和剪应变的分布区域不断向端面中部扩大（图 3.20b、图 3.21b），当剪切作用进一步增大时，最大应力集中在上下面的钝角边附近（图 3.20c、图 3.20d），并且各表面的剪应变急剧升高（图 3.21c），在左右端面的前后边缘具有最大的剪应变（图 3.21d）。

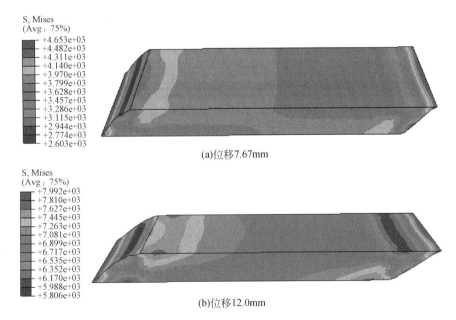

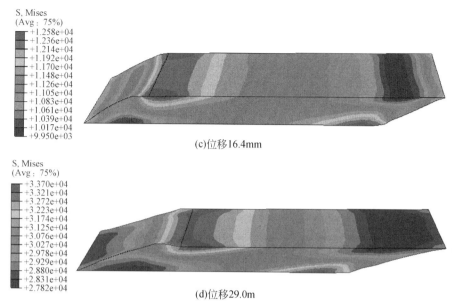

(c)位移16.4mm

(d)位移29.0m

图 3.20　剪切过程冻胶的 Mises 应力分布

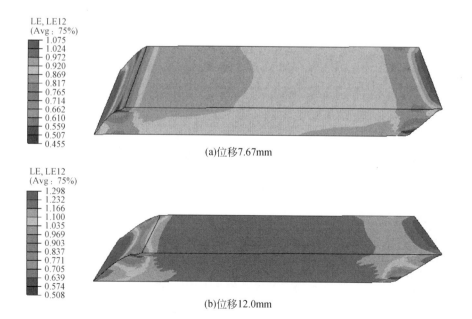

(a)位移7.67mm

(b)位移12.0mm

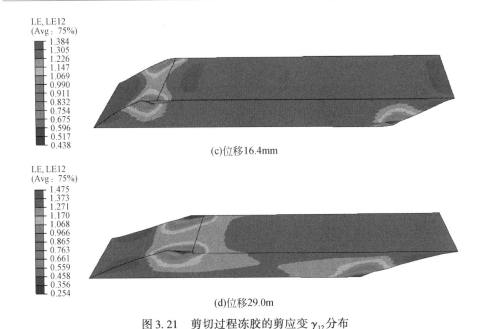

LE, LE12
(Avg：75%)
1.384
1.305
1.226
1.147
1.069
0.990
0.911
0.832
0.754
0.675
0.596
0.517
0.438

(c)位移16.4mm

LE, LE12
(Avg：75%)
1.475
1.373
1.271
1.170
1.068
0.966
0.865
0.763
0.661
0.559
0.458
0.356
0.254

(d)位移29.0m

图 3.21　剪切过程冻胶的剪应变 γ_{12} 分布

3.2.2　冻胶力学行为的有限元分析

1. 有限元模型及相关参数

研究冻胶段塞在底部压力作用下的变形及应力时，假设冻胶与套管胶结完好、无缺陷，因此，可以将冻胶与套管作为整体进行建模。根据结构特点，建立图 3.22 所示的二维轴对称模型，并赋予不同区域对应的材料参数。

相关参数为：冻胶密度 $1143kg/m^3$，泊松比 0.499（本构模型 Polynomial＿N1 的 $d_1 = 2.32 \times 10^{-6}$），直径 36.5mm，长 0.45m；套管为线弹性材料，弹性模量 2.1×10^{-9} Pa，泊松比 0.3，密度 $7800kg/m$，厚度 5.75mm。

冻胶、套管的单元类型分别为 CAX4I、CAX4R，在套管外壁面设置 3 个自由度的位移约束，考虑冻胶自重，在底部施加压力载荷。

图 3.22　冻胶的有限元计算模型

2. 有限元计算结果分析

冻胶的应力、应变场如图 3.23 ~ 图 3.24 所示。冻胶底部在压力作用下发生向上的压缩变形，具有最大的压缩应力（负值表示压缩），由于胶结界面的限制，压缩应力沿轴向不断降低（图3.23）。随着作用压力的增加，冻胶下部的应力变化梯度增大，表明段塞的下部承担了绝大部分的载荷作用。

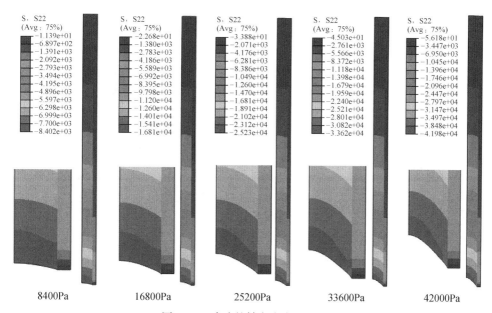

图 3.23　冻胶的轴向应力 S_{22} 云图

冻胶在压力作用下发生膨胀变形，但是由于套管壁面的限制，该变形实际上不能发生，受限制的变形将转化为冻胶的内部压缩和轴向变形，同时在冻胶-套管间产生较大的挤压力。

由图3.24可看出，最大径向应力的绝对值（负值表示压应力）集中在冻胶的下端，并沿高度增加的方向逐渐下降。随着底部压力的提高，冻胶与套管间的挤压力增大，冻胶-套管间的摩擦力也随之增加。

由于冻胶依靠与壁面的胶结作用来克服压力和重力，因此，在边壁处有较大的剪应力 S_{12}（图3.25），最大剪应力出现在下端边缘处（负值表示剪应力的方向向下）。由图3.26可看出，沿高度增加的方向，边壁上的剪应力从峰值急剧下降后出现一快速上升阶段，然后逐渐降低并趋于平缓。随着作用压力的增加，壁面上的剪应力不断增大，且最大剪应力区域向管中心方向扩大。

冻胶在不同压力作用下的底部变形如图3.27所示。变形曲面的斜率自径向向外不断增大，近似抛物线形，在边壁处有最大的剪应变（图3.28）。随着压力的增加，剪应变不断提高，底部边缘最先满足"最大剪应变失效准则"而出现裂纹。

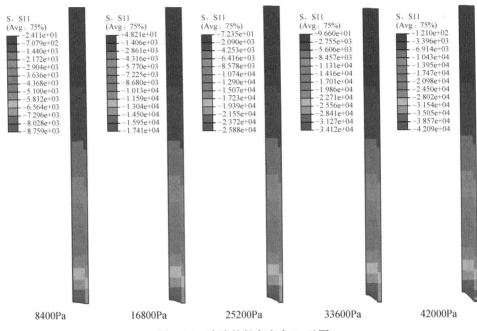

图 3.24　冻胶的径向应力 S_{11} 云图

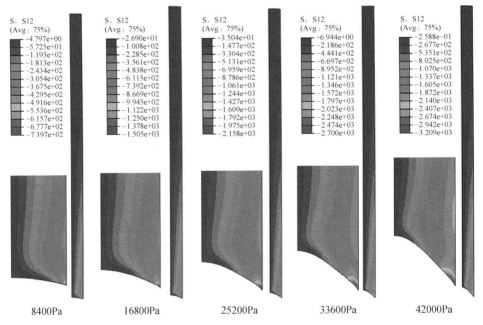

图 3.25　冻胶的剪应力 S_{12} 云图

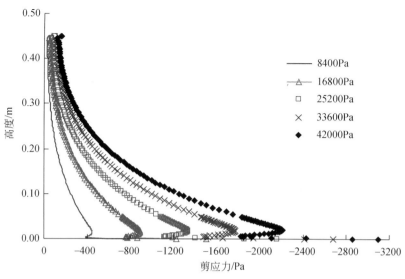

图 3.26　界面剪应力 S_{12} 沿轴向的变化

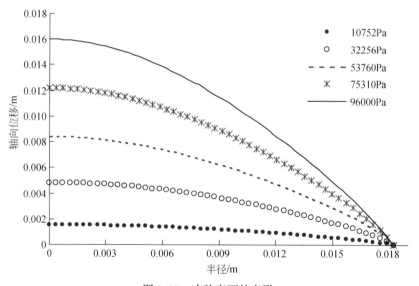

图 3.27　冻胶底面的变形

3. 按最大剪应变准则确定段塞的端面抗压强度

在底部压力作用下，冻胶的底部边缘最先出现裂纹，并不断扩展。当段塞较短时，气体沿着裂缝很快上窜，导致密封失效，在这种情况下，段塞的密封抗压

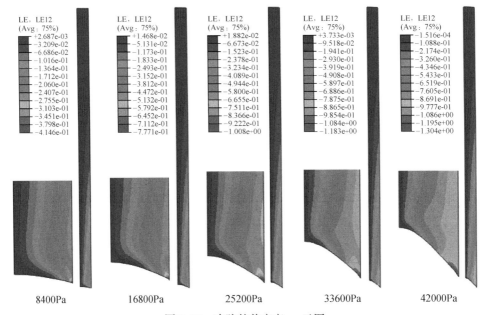

图 3.28 冻胶的剪应变 γ_{12} 云图

强度近似等于底部边缘满足最大剪应变失效准则时的压力。由冻胶的剪切实验确定冻胶的最大剪应变近似等于 0.32，则不同长度段塞的端面抗压强度如图 3.29 所示。由图可见，随着段塞长度的增加，冻胶边缘出现裂纹前所能承载的最大压力增大，但超过一定长度后，由于段塞的应力传递能力有限，压力载荷主要依靠段塞下部承担，增加段塞长度对提高冻胶的抗断裂能力的贡献非常小，抗压强度在 0.45 ~ 0.95m 范围内基本为一定值。

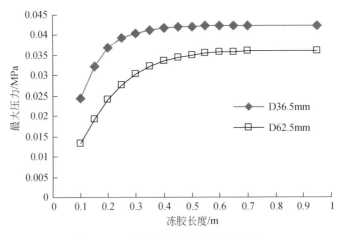

图 3.29 冻胶本体出现裂纹时的压力

由图 3.8 的实验结果可以看出，实际的抗压强度随着长度的增加逐渐增大，模拟值与实验结果除了在长度 0.45m 这一点吻合外，对于超过 0.45m 的不同长度，模拟结果远小于实验值。造成这种偏差的原因在于，最大剪应变失效准则适用于冻胶本体断裂的预测，可用于确定段塞较短时的密封抗压强度，但对于较长的段塞，即使压力端发生界面破坏，仍能通过脱胶段的静摩擦力和胶结段的胶结力起静密封的作用。因此，最大剪应力失效准则不适用于胶体存在部分界面破坏的情况。

4. 可压缩性对冻胶应力分布的影响

冻胶的可压缩性较小，当变形不受限制时，压缩性对应力分布的影响非常小，可将冻胶视为不可压缩材料。但是，对于径向变形受套管壁面严格约束的段塞，其压缩性对应力分布有重要影响。冻胶的压缩性用泊松比 μ 表示，与本构方程 Polynomial_N1 的系数 d_1 有关，对应的数值如表 3.3 所示。

表 3.3 Polynomial_N1 系数 d_1 与对应的泊松比

泊松比 μ	0.4985	0.4986	0.4987	0.4988	0.499	0.4995	0.5
d_1	3.49E-6	3.26E-6	3.02E-6	2.79E-6	2.32E-6	1.16E-6	0

段塞底部作用压力 42000Pa 时，不同泊松比冻胶的剪应变 γ_{12} 及剪应力 S_{12} 如图 3.30 ~ 图 3.31 所示。

由图 3.30 可看出，材料的可压缩性越小，对应的泊松比越大（0.5 表示不可压缩），这时冻胶的应力传递能力增强，变形及剪应力分布趋于均匀，使得最大剪应变减小（图 3.31），裂纹萌生风险降低。因此，提高冻胶的不可压缩性能够改善段塞的应力分布和变形，起增强冻胶端面密封的作用。

3.2.3 冻胶–套管结构力学行为的有限元分析

为了准确计算冻胶段塞的密封抗压强度，需要建立冻胶–套管的胶结层模型，从胶结和接触摩擦两方面研究界面的力学行为，确定冻胶段塞被整体挤出所需的最小压力。

1. 界面的内聚力模型

作用在冻胶底部的载荷通过胶结界面传递给套管，界面的胶结强度是反映冻胶段塞封隔能力的重要指标。确定不同材料间的胶结性能也是复合材料领域的重要研究内容之一。

内聚力模型 cohesive 是一种根据损伤力学理论和界面内聚力–分离位移（*T*-

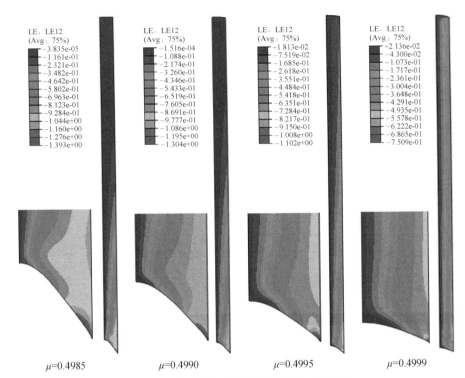

图3.30　不同泊松比对冻胶剪应变γ_{12}的影响

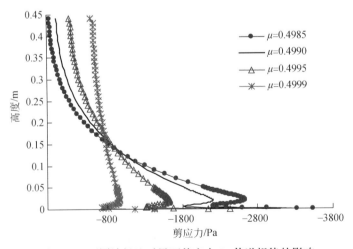

图3.31　不同泊松比对界面剪应力S_{12}传递规律的影响

S）关系建立的界面模型，能够描绘胶结界面的力学行为，表征胶结层在加载条件下的脱胶过程。

材料损伤之前，cohesive 本构模型描述的名义应力、应变满足线弹性关系：

$$t = \begin{Bmatrix} t_n \\ t_s \\ t_t \end{Bmatrix} = \begin{bmatrix} K_{nn} & K_{ns} & K_{nt} \\ K_{ns} & K_{ss} & K_{st} \\ K_{nt} & K_{st} & K_{tt} \end{bmatrix} \begin{Bmatrix} \varepsilon_n \\ \varepsilon_s \\ \varepsilon_t \end{Bmatrix} = \boldsymbol{K}\boldsymbol{\varepsilon} \qquad (3.8)$$

式中，t 为应力张量；t_n，t_s，t_t 分别为界面法向，第一切向和第二切向应力；ε_n，ε_s，ε_t 是对应的应变；$\boldsymbol{K}$ 为刚度矩阵；ε 为应变向量。

当材料出现损伤时，附近区域的刚度不断下降，材料开始退化，cohesive 损失退化模型如图 3.32 所示。t_n^0，t_t^0，t_s^0 分别为材料开始损伤时的法向，第一切向和第二切向应力；δ_n^0，δ_t^0，δ_s^0 和 δ_n^f，δ_t^f，δ_s^f 分别是材料开始损伤和完全损伤时各方向的位移。

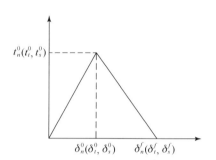

图 3.32　cohesive 损伤退化模型示意图

判断一种材料是否开始损伤，主要看加载条件下材料的应力或应变是否满足损伤准则，主要有以下 4 种。

最大应力准则假设当各方向的最大应力比等于 1 时，材料开始出现损伤，即

$$\max\left\{\frac{\langle t_n\rangle}{t_n^0},\ \frac{t_s}{t_s^0},\ \frac{t_t}{t_t^0}\right\} = 1 \qquad (3.9)$$

式中，t_n^0，t_s^0，t_t^0 分别为界面法向，第一切向和第二切向的应力极值；符号"< >"表示压应力不引起界面损伤。

最大应变准则假设当各方向的最大应变比等于 1 时，材料开始出现损伤，即

$$\max\left\{\frac{\langle \varepsilon_n\rangle}{\varepsilon_n^0},\ \frac{\varepsilon_s}{\varepsilon_s^0},\ \frac{\varepsilon_t}{\varepsilon_t^0}\right\} = 1 \qquad (3.10)$$

式中，ε_n^0，ε_s^0，ε_t^0 分别为界面法向，第一切向和第二切向的应变极值。

二次应力准则假设当三个方向的应力比的平方和等于 1 时，材料开始出现损伤，即

$$\left\{\frac{\langle t_n \rangle}{t_n^0}\right\}^2 + \left\{\frac{t_s}{t_s^0}\right\}^2 + \left\{\frac{t_t}{t_t^0}\right\}^2 = 1 \tag{3.11}$$

二次应变准则假设当三个方向的应变比的平方和等于 1 时，材料开始出现损伤，即

$$\left\{\frac{\langle \varepsilon_n \rangle}{\varepsilon_n^0}\right\}^2 + \left\{\frac{\varepsilon_s}{\varepsilon_s^0}\right\}^2 + \left\{\frac{\varepsilon_t}{\varepsilon_t^0}\right\}^2 = 1 \tag{3.12}$$

当材料进入损伤扩展过程时，其刚度逐渐下降，应力为

$$t_n = \begin{cases} (1-D)\bar{t}_n, & \bar{t}_n \geq 0 \\ \bar{t}_n, & \text{无损伤（压应力状态）} \end{cases}$$

$$t_s = (1-D)\bar{t}_s$$

$$t_t = (1-D)\bar{t}_t$$

式中，D 为损伤因子，初始值为 0，表明材料无损伤，介于 0 和 1 之间时表明材料已损伤，但还能承载，等于 1 时材料完全破坏不能承载；$\bar{t}_n$，$\bar{t}_s$，$\bar{t}_t$ 是按照 T-S 关系预测的三个应力分量。

2. 有限元计算模型

根据冻胶–套管结构的轴对称性，建立二维轴对称模型。如图 3.33 所示，冻胶本体和套管的单元分别为 CAX4I、CAX4R，采用零厚度的连接单元 COHAX4 胶结冻胶本体和套管，界面损伤满足最大应变准则，最大应变取 1.32，另外，设置冻胶与套管内壁面的接触关系，摩擦系数为 0.2，当 COHAX4 单元完全损伤即界面破坏时，冻胶本体与套管开始接触摩擦。

相关参数为：冻胶密度 1143kg/m³，泊松比 0.499（本构模型 Polynomial_ N1 的 $d_1 = 2.32 \times 10^{-6}$），直径 4mm，高度 0.4m；套管为线弹性材料，弹性模量 2.1×10^{-9}Pa，泊松比 0.3，密度 7800kg/m，厚度 2mm。

模型的边界约束及载荷为：在套管外壁面施加全约束进行固定，对冻胶底部施加向上的位移载荷 w，考虑重力作用。

3. 计算结果分析

冻胶底部发生不同位移时的 Mises 应力分布如图 3.34 所示。

对应不同的位移，计算冻胶段塞受到的作用力。由图 3.35 可见，作用力首先随位移增大，当胶体发生整体滑移时，作用力急剧下降，随后在稳定滑移过程中趋于平缓。曲线中的作用力峰值是段塞整体滑移前所能承受的最大载荷，对应的段塞底部压力为段塞能稳定封隔的最大压力，即密封抗压强度。

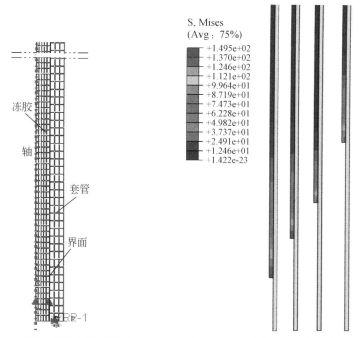

图 3.33　冻胶-套管有限元模型　　　　图 3.34　冻胶的 Mises 应力分布

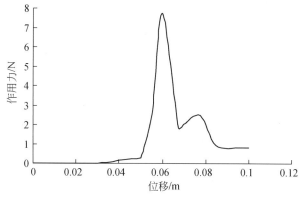

图 3.35　作用力-位移曲线

4. 实验对比

通过对不同直径、长度段塞的有限元计算，确定不同段塞的抗压强度（图 3.36）。由图可见，有限元计算值与实验数据吻合一致，验证了有限元分析的正确性。

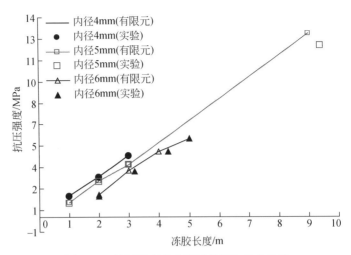

图 3.36　抗压强度的有限元分析与实验比较

3.3　段塞的密封抗压理论研究

由实验和有限元分析可得出，随着压力的增大，冻胶段塞的受压端面最先发生界面断裂并沿高度方向扩展，出现由端面密封到径向密封的转化，在静密封过程中起关键作用的界面胶结力也退化为脱胶段的静摩擦力和剩余段的胶结力。若脱胶产生的摩擦力大于消失的胶结力，脱胶有利于提高段塞的抗压能力，最大承压能力出现在段塞即将整体滑移时；相反，若摩擦作用很小，胶结作用占优，则端面密封起主要作用，一旦端面发生破坏，段塞的密封抗压能力急剧下降，密封失效形式常表现为气窜。所以，段塞的密封抗压能力与本体强度、界面的胶结能力、摩擦特性、胶体尺寸等有关。为了进一步研究段塞的密封抗压特性，本节针对胶结界面完好和部分破裂两种情况进行理论分析，确定段塞密封抗压的一般规律，为提高段塞的密封抗压能力提供参考依据。

3.3.1　端面完好时

图 3.37（a）所示套管的内半径为 r_m，冻胶基体的半径为 r_i，界面层厚度等于 r_m-r_i。当段塞底部作用一个较小的压力 P 时，冻胶与套管保持完好。

假设半径 r 处的切应力沿高度均匀分布，则段塞的静力平衡方程为

$$p\pi r^2 - \rho g \pi r^2 H - 2\pi r \tau H = 0 \tag{3.13}$$

或

$$\tau = \frac{pr - \rho g r H}{2H} = -G\frac{\mathrm{d}w}{\mathrm{d}r} \tag{3.14}$$

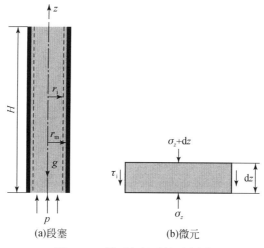

(a)段塞　　　　　　(b)微元

图 3.37　界面完好时的示意图

式中，ρ 为冻胶密度；τ 为半径 r 处的切应力（向下为正）；G 为剪切模量；w 为半径 r 处的向上位移。

式 (3.14) 两边同时对 r 积分，有

$$w_1 = \frac{(\rho gH-p)r^2}{4HG_1} + C_1 \quad 0 \leqslant r \leqslant r_i \tag{3.15}$$

$$w_2 = \frac{(\rho gH-p)r^2}{4HG_2} + C_2 \quad r_i \leqslant r \leqslant r_m \tag{3.16}$$

式中，G_1、G_2 分别为冻胶基体、界面层的剪切模量。

在壁面 r_m 处，位移 $w=0$，代入式 (3.16)，得

$$C_2 = -\frac{(\rho gH-p)r_m^2}{4HG_2}$$

则

$$w_2 = \frac{(p-\rho gH)(r_m^2-r^2)}{4HG_2} \tag{3.17}$$

由上式可得 r_i 处的位移 w_i，即

$$w_i = \frac{(p-\rho gH)(r_m^2-r_i^2)}{4HG_2} \tag{3.18}$$

代入式 (3.15)，得

$$C_1 = \frac{(p-\rho gH)(r_m^2-r_i^2)}{4HG_2} - \frac{(\rho gH-p)r_i^2}{4HG_1}$$

则

$$w_1 = \frac{(p-\rho gH)(r_i^2-r^2)}{4HG_1} + \frac{(p-\rho gH)(r_m^2-r_i^2)}{4HG_2} \tag{3.19}$$

对于半径 r、高 Δz 的圆柱体微元（图 3.37b），静力平衡方程表示为

$$\sigma_z \pi r^2 - \sigma_{z+dz} \pi r^2 - 2\pi r\tau \mathrm{d}z - \rho g\pi r^2 \mathrm{d}z = 0$$

化简，得

$$\frac{(\sigma_z - \sigma_{z+dz})}{\mathrm{d}z} = \frac{2\tau}{r} + \rho g$$

$$\frac{\mathrm{d}\sigma_z}{\mathrm{d}z} = -\frac{2\tau}{r} - \rho g \tag{3.20}$$

式中，σ_z、σ_{z+dz} 分别为 z 和 $z+dz$ 处的轴向压应力，有

$$\sigma_z = -E_1 \frac{\mathrm{d}w}{\mathrm{d}z} \tag{3.21}$$

代入式（3.20），得

$$\frac{\mathrm{d}^2 w}{\mathrm{d}z^2} = \frac{2\tau + \rho gr}{E_1 r} \tag{3.22}$$

结合式（3.14），式（3.22）可表示为

$$\frac{\mathrm{d}^2 w}{\mathrm{d}z^2} = -\frac{2G}{E_1 r}\frac{\mathrm{d}w}{\mathrm{d}r} + \frac{\rho g}{E_1} \tag{3.23}$$

令 $r = r_i$，则

$$\frac{\mathrm{d}^2 w_i}{\mathrm{d}z^2} = -\frac{2G_2}{E_1 r_i}\frac{\mathrm{d}w_i}{\mathrm{d}r_i} + \frac{\rho g}{E_1} \tag{3.24}$$

将式（3.18）对 r_i 求导，得

$$\frac{\mathrm{d}w_i}{\mathrm{d}r_i} = \frac{-(p - \rho gH)r_i}{2HG_2} \tag{3.25}$$

代入式（3.23），整理得

$$\frac{\mathrm{d}^2 w_i}{\mathrm{d}z^2} - a^2 w_i - \frac{\rho g}{E_1} = 0 \tag{3.26}$$

其中，

$$a^2 = \frac{4G_2}{E_1(r_m^2 - r_i^2)}$$

方程（3.26）的解为

$$w_i = C_3 \cosh(az) + C_4 \sinh(az) - \frac{\rho g(r_m^2 - r_i^2)}{4G_2} \tag{3.27}$$

已知边界条件：$z=0$，$\sigma_i = p = -E_1 \dfrac{\mathrm{d}w_i}{\mathrm{d}z}$；$z=H$，$\sigma_i = \dfrac{\mathrm{d}w_i}{\mathrm{d}z} = 0$，

代入式（3.27），得

$$C_3 = \frac{p}{aE_1}\mathrm{cth}(aH) \ , \quad C_4 = -\frac{p}{aE_1} \tag{3.28}$$

则

$$w_i = \frac{p}{aE_1}\big[\mathrm{cth}(aH)\cosh(az) - \sinh(az)\big] - \frac{\rho g(r_m^2 - r_i^2)}{4G_2} \tag{3.29}$$

由式 (3.14)、式 (3.18) 和式 (3.29) 可得界面上的切应力, 为

$$
\begin{aligned}
\tau_i &= \frac{(p-\rho gH)r_i}{2H} \\
&= \frac{2r_i G_2 w_i}{(r_m^2-r_i^2)} \\
&= \frac{2r_i G_2 p}{aE_1(r_m^2-r_i^2)}\left[\operatorname{cth}(aH)\cosh(az)-\sinh(az)\right]-\frac{r_i\rho g}{2}
\end{aligned}
\tag{3.30}
$$

上式表明, 在压力 p 作用下, 界面上的切应力随高度 z 的增加不断降低; 当底部压力 p 增加时, 切应力增大, 一旦达到胶结强度 τ_0, 则界面开始出现裂纹。

以上推导了冻胶-套管界面的切应力传递公式, 由于目前对界面层相关参数 (厚度、剪切模量) 的准确测试还非常困难, 理论模型多用于对段塞力学行为的定性分析。另外, 运用式 (3.17)、式 (3.19) 还可以近似确定段塞底面的变形。

如图 3.38 所示, 冻胶段塞处于自重状态, 压力 $p=0$、套管内径 $r_m=0.071\mathrm{m}$、段塞高度 $0.08\mathrm{m}$、冻胶密度 $1143\mathrm{kg/m^3}$, 假设界面层的剪切模量 $G_2 \approx G_1 = 1379\mathrm{Pa}$, 则段塞底部的变形曲面如图 3.39 所示。其中, 实验测试采用可上下和水平移动的激光点源对段塞底面各点进行投影, 然后描绘各点。

图 3.38　段塞底部变形的投影测量

由图 3.39 可看出, 理论、有限元计算和实验的曲线趋势基本相同, 其中, 有限元与实验数据吻合程度较高, 而理论计算的变形量偏大, 其原因是理论模型没有考虑径向上各点的切应力及位移沿重力方向的变化, 导致计算结果的偏差较大。

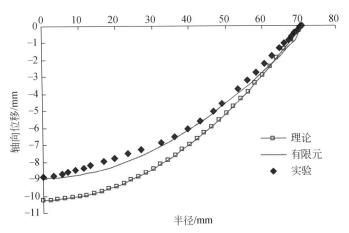

图 3.39　段塞底部变形的计算及测量结果

3.3.2　界面脱胶过程

当冻胶底部边缘出现裂纹并沿轴向扩展时，段塞与套管壁面发生脱胶。如图 3.40（a）所示，段塞原长 H，分为脱胶段和胶结段，在脱胶段内，段塞由于压缩变形缩短了 H_0，与壁面的接触长度为 H_1，胶结长度为 $H-H_0-H_1$。

在一定压力 p 作用下，静力平衡方程为

$$\frac{\pi D^2 p}{4} = F_1 + F_2 + \frac{\pi D^2 \rho g H}{4} \tag{3.31}$$

式中，直径 $D = 2r_i \approx 2r_m$；F_1 为脱胶段冻胶与套管壁面的摩擦力；F_2 为胶结段的胶结力。

在脱胶段取一高为 dz、直径为 D 的微元（图 3.40b）进行静力分析，有

$$(\sigma_z - \sigma_{z+dz})\frac{\pi D^2}{4} - \pi D \tau_i dz - \rho g \frac{\pi D^2}{4} dz = 0 \tag{3.32}$$

化简，得

$$\frac{d\sigma_z}{dz} = \frac{\sigma_{z+dz} - \sigma_z}{dz} = -\rho g - \frac{4\tau_i}{D} \tag{3.33}$$

式中，σ_z 为 z 处的轴向压应力；σ_r 为挤压应力，根据摩擦定律，σ_r 与静摩擦应力 τ_i 有以下关系式：

$$\tau_i = f\sigma_r \tag{3.34}$$

式中，f 为冻胶与套管内壁面的静摩擦系数。

将式（3.34）代入式（3.33），得

$$\frac{d\sigma_z}{dz} = -\rho g - \frac{4f\sigma_r}{D} \tag{3.35}$$

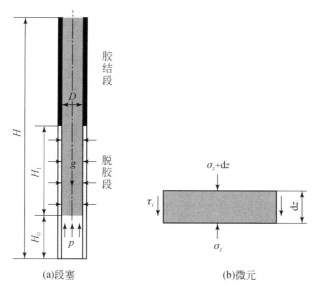

图 3.40　界面脱胶时的示意图

不考虑成胶过程胶体膨胀与壁面的挤压作用时，

$$\sigma_r = \sigma_z \frac{\mu}{1-\mu} \tag{3.36}$$

式中，μ 为泊松比。

将式（3.36）代入式（3.33）并化简，得

$$\frac{\mathrm{d}\sigma_z}{\mathrm{d}z} + \frac{4f\sigma_z}{D}\frac{\mu}{1-\mu} = -\rho g$$

求解得

$$\sigma_z = -\frac{\rho g D}{4f}\frac{1-\mu}{\mu} + \mathrm{e}^{-\frac{4zf}{D}\frac{\mu}{1-\mu}}C \tag{3.37}$$

$z=H_1$ 处的压应力与胶结段的胶结力满足平衡关系，为了便于分析，胶结力用胶结强度 τ_0 表示，则压应力为

$$\frac{\pi D^2}{4}\sigma_z = \pi D(H-H_0-H_1)\alpha\tau_0$$

或

$$\sigma_z = \frac{4\alpha(H-H_0-H_1)\tau_0}{D} \tag{3.38}$$

式中，α 介于 0 和 1 之间。

将 $z=H_1$ 和上式作为已知条件代入式（3.37），得

$$C = \sigma_z = \left[\frac{4\alpha(H-H_0-H_1)\tau_0}{D} + \frac{\rho g D}{4f}\frac{\mu}{1-\mu}\right]\mathrm{e}^{\frac{4H_1 f}{D}\frac{\mu}{1-\mu}} \tag{3.39}$$

则由式（3.37）、式（3.39）确定的胶结段压应力为

$$\sigma_z = (e^{\frac{4f}{D}\frac{\mu}{1-\mu}(H_1-z)} -1)\frac{\rho gD}{4f}\frac{1-\mu}{\mu}+\frac{4\alpha(H-H_0-H_1)\tau_0}{D}e^{\frac{4f}{D}\frac{\mu}{1-\mu}(H_1-z)}\ (0\leqslant z\leqslant H_1) \quad (3.40)$$

在上式中，令 $z=0$，得到作用压力 p，

$$p = (e^{\frac{4fH}{D}\frac{\mu}{1-\mu}} -1)\frac{\rho gD}{4f}\frac{1-\mu}{\mu}+\frac{4\alpha(H-H_0-H_1)\tau_0}{D}e^{\frac{4fH_1}{D}\frac{\mu}{1-\mu}} \quad (3.41)$$

上式对 H_1 求导，有

$$\frac{\partial p}{\partial H_1} = \left[\rho g+\frac{16\alpha f(H-H_0-H_1)\tau_0}{D^2}\frac{\mu}{1-\mu}-\frac{4\alpha\tau_0}{D}\right]e^{\frac{4f}{D}\frac{\mu}{1-\mu}H_1} \quad (3.42)$$

由于冻胶接近不可压缩，$\mu\approx0.5$，$\frac{\mu}{1-\mu}\approx1$，则 $e^{\frac{4f}{D}\frac{\mu}{1-\mu}H_1}$ 恒为正值，因此，当 $\frac{\partial p}{\partial H_1}=0$ 时，要求

$$\rho g+\frac{16\alpha f(H-H_0-H_1)\tau_0}{D^2}-\frac{4\alpha\tau_0}{D}=0 \quad (3.43)$$

化简，得脱胶段的临界长度，并用 H_{1b} 表示，则

$$H_{1b} = H-H_0-\frac{D}{4f}\left(1-\frac{\rho gD}{4\alpha\tau_0}\right) \quad (3.44)$$

当 $H_1<H_{1b}$ 时，$\frac{\partial p}{\partial H_1}>0$，段塞抗压强度 p 随脱胶段长度 H_1 的增加而增大；

当 $H_1>H_{1b}$ 时，$\frac{\partial p}{\partial H_1}<0$，段塞抗压强度 p 随脱胶段长度 H_1 的增加而减小。

由式（3.44）可见，当段塞较长、刚度较大（压缩变形 H_0 较小）、摩擦系数较高、管径和胶结作用都较小时，计算的脱胶段临界值较大，段塞抗压强度主要取决于脱胶段的静摩擦力，段塞密封主要靠冻胶与壁面的挤压摩擦实现；若临界值大于段塞的原始长度 H，密封抗压强度等于整段冻胶全脱胶将要整体滑移时所受的压力；反之，临界值较小时，段塞密封主要靠界面胶结实现，当临界值小于 0 时，密封抗压强度等于冻胶底部被破坏时所受的压力。需要补充说明的是，虽然在推导过程中做了相关假设和简化，且式（3.44）中 H_0、f、α 等参数的确定较困难，但该式阐明了冻胶段塞的密封特性。

3.4 影响段塞抗压强度的其他因素

3.4.1 配方组分浓度

在交联冻胶中，主剂和交联剂是最重要的组分，它们的浓度对冻胶性能有很大影响。制备时，改变主剂聚丙烯酰胺和 Cr^{3+} 交联剂的体积分数，然后研究成胶

后段塞的抗压强度变化。当胶凝温度为 80℃、直径为 47.0mm、长度等于 0.92m时，实验结果如图 3.41 所示。

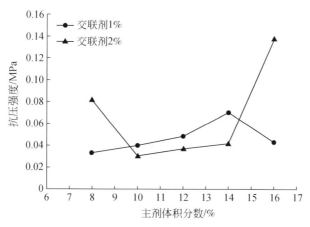

图 3.41　冻胶密封抗压强度随组分浓度的变化

由图 3.41 可见，交联剂浓度为 1% 时，随着主剂体积分数的增大，段塞的密封抗压强度逐渐增大然后下降，在浓度 14% 附近达到最大值 0.070MPa。当交联剂浓度为 2% 时，在主剂的实验浓度范围内，段塞的密封抗压强度变动较大，最大值（0.138MPa）、最小值（0.030MPa）分别出现在浓度 10% 和 16% 附近。比较图中两条曲线可看出，交联剂浓度分别为 1%、2% 时，它们的最小密封抗压强度较为接近，但最大强度之比达到 0.070∶0.138＝0.51。

以上分析表明了主剂和交联剂的浓度对段塞的抗压性能有直接影响，在配方研制过程中，可先给定主剂浓度范围，然后再对交联剂浓度进行微调。

3.4.2　段塞上部压力

在向井筒泵注预交联液时，为了使预交联液能到底井下设计位置进行胶凝，需要随后注入后置液进行躯替。后置液柱压力作用在预交联液和成胶后段塞的顶部，贯穿整个作业周期，对成胶过程和段塞抗压强度都存在影响。

（1）对成胶质量的影响

一般认为预交联液被压缩后其交联密度增大，有利于提高成胶质量，使冻胶的强度增大。为了模拟一定压力下的成胶过程，采用图 3.42 所示的加载装置，在预交联液上部放置配重，测试成胶后段塞的抗压强度。

段塞直径 102.1mm、长度 900mm 时，不同配重下的实验结果如图 3.43 所示。由图可见，配重提高了成胶质量，使段塞的抗压强度显著增大，两者近似成线性关系。

图 3.42   上端有配重的抗压差实验装置

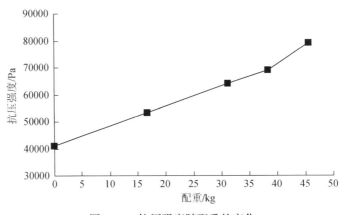

图 3.43   抗压强度随配重的变化

将配重折算为施加在顶部的压力，并以无配重时的抗压强度为参照，得到抗压强度增量与配重压力的比值。由图 3.44 可见，该比值比较稳定，即抗压强度增量约为配重压力的 0.6 ~ 0.7 倍。因此，在现场作业时，应采用较高密度的后置液以增大作用在预交联液顶部的压力，达到提高成胶质量的目的。

（2）对密封抗压能力的影响

成胶时上部无作用压力，成胶后施加气体压力，观测段塞对另一端的抗压强度变化。实验过程如下：

① 用氮气瓶向段塞的一端注气，施加辅助压力 $P_0 = 0.5\mathrm{MPa}$，这时关闭减压阀，使气体密闭在段塞和氮气瓶口之间的管线；

② 用氮气瓶向段塞的另一端（施压端）注气，压力为 P_1，当段塞两端的压

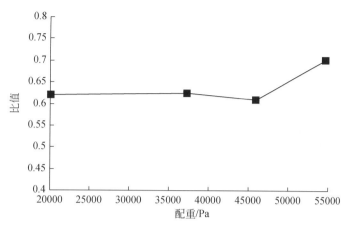

图 3.44　抗压强度增量/配重随配重的变化

力表显示稳定时，读取压力值，并缓慢增大压力 P_1；

③ 重复步骤②，得到段塞两端对应的不同压力值。

实验装置如图 3.45 所示，实验结果如表 3.4 和图 3.46 所示。

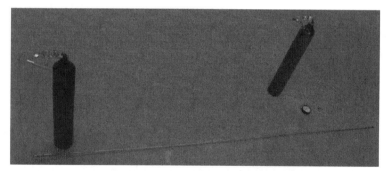

图 3.45　另一端有辅助压力的抗压差实验装置

表 3.4　段塞两端压力测试数据

施压端压力 p_1/MPa	1.2	1.6	1.9	2.1	2.4	3.1	3.7	3.9	4.3	5.1	5.6	5.8
辅助平衡压力 p_0/MPa	0.5	0.9	1.3	1.5	1.8	2.6	3.2	3.5	4	4.8	5.3	5.5
压差/MPa	0.7	0.7	0.6	0.6	0.6	0.5	0.5	0.4	0.3	0.3	0.3	0.3

由图 3.46 可看出，冻胶两端存在明显的压差，说明段塞能有效阻隔两端气体；随着注气压力的提高，段塞另一端的辅助压力随之增加，表明冻胶向辅助压力端发生了整体移动，密封作用靠冻胶受压时与壁面的接触摩擦来实现；当注气

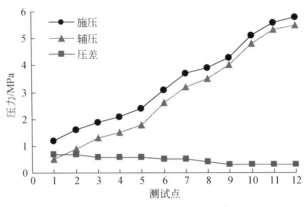

图 3.46　段塞两端的压力变化

压力从 1.2MPa 增大到 1.6MPa 时，辅助端的压力也增加了 0.4MPa，两端压差仍为 0.7MPa，段塞起等值传递压力变化的作用。当施压端的注气压力进一步提高时，辅助压力增大更快，导致压差减小。这是因为，段塞不但向辅助端移动，同时受压缩短，使得段塞与油管内壁间的接触面积和摩擦力减小，段塞的抗压差能力下降。

　　鉴于表 3.4 中所测为静压值，即段塞两端的对应压力是段塞处于静止平衡状态所要满足的力学条件，故可得出在段塞一端施加压力，能够提高冻胶对另一端密封抗压能力的结论。

3.4.3　纤维素

　　冻胶的韧性越高，断裂前所吸收的能量（断裂能）越大，本体就越不易产生裂纹。添加纤维素后，冻胶的剪切断裂能增大，胶体内部抗气窜的能力提高，同时，黏弹性增强，断裂后对管壁的黏附能力提高，增大了段塞整体滑移的摩擦阻力，起有效增强段塞径向密封的作用。因此，纤维素有助于冻胶抗压能力的提高。

　　图 3.47 ~ 图 3.48 所示为添加纤维素前后段塞抗压强度的变化。模拟套管的内径 159.4mm，添加纤维素前，长度 0.8mm、0.95mm 段塞的抗压强度分别为 0.0177MPa、0.0162MPa；增加纤维素后，长度 1.0m 段塞的抗压强度为 0.0376MPa，平均单位长度的抗压强度为原冻胶的 1.7 和 2.2 倍。以上实验验证了纤维素增强冻胶密封抗压强度的作用。

3.4.4　成胶温度

　　在现场应用时，预交联液的成胶温度主要取决于冻胶段塞在井下的位置，所

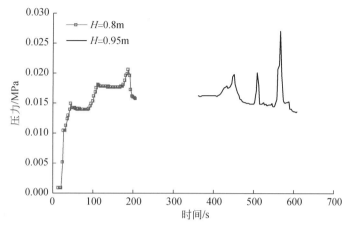

图 3.47　添加纤维素前冻胶的实验压力曲线

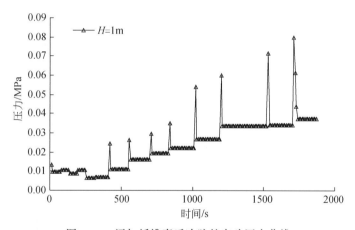

图 3.48　添加纤维素后冻胶的实验压力曲线

处位置越深，温度越高。温度直接影响交联反应速率和成胶质量，设计段塞深度时需要考虑温度对段塞抗压强度的影响。一般的，温度在 50℃ ~ 90℃ 范围内，胶凝较快，胶体强度较高，超过 100℃ 以后，容易发生焦化，当温度低于 40℃ 甚至 30℃ 时，胶凝速度明显下降，候凝时间变长而影响现场作业效率。因此，冻胶阀技术的应用推广需要不断研制出适合高、中、低不同温度的系列产品，从而满足不同井深、井况的作业需求。

凝胶温度对一种 Cr^{3+} 冻胶密封抗压强度变化如图 3.49 所示。由图可见，随着凝胶温度的升高，段塞的密封抗压强度显著增大后逐渐下降。最大抗压强度 0.0394MPa 位于温度 70℃ 附近，由此可判定该冻胶较合适的工作温度为 70℃ ~ 80℃。

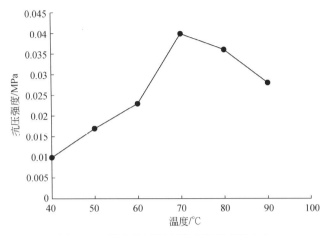

图 3.49　段塞抗压强度随成胶温度的变化

3.4.5　混浆

　　注入预交联液前若没有前置液，预交联液与井筒底液将直接接触，极易混合导致成胶质量下降。如图 3.50 所示，由于预交联液混浆，胶凝后的冻胶虽然有整体性，但呈现为没有一定形状、可流动的半流体，倾倒时有"吐舌"现象。

　　图 3.51～图 3.53 所示为预交联液注入井筒时与其他液体的混合过程。预交

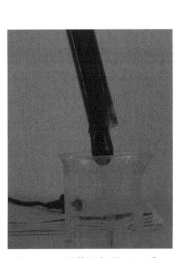

图 3.50　混浆引起的"吐舌"

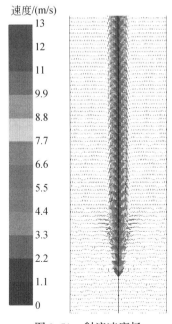

图 3.51　射流速度场

联液从直径为 10mm 的喷嘴射以 13m/s 的速度向下喷出后，与周围流体不断混合。经过 2.0s 后，预交联液到达底部，平均流速为 2.5m/s。

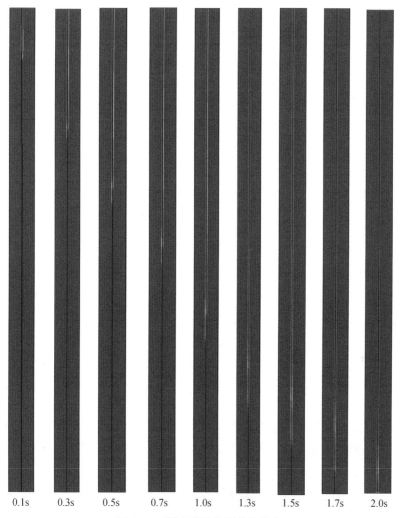

0.1s　　0.3s　　0.5s　　0.7s　　1.0s　　1.3s　　1.5s　　1.7s　　2.0s

图 3.52　预交联液体积分数分布

　　为了减小混浆，现场作业中可先注入密度和黏度较高的前置液对井筒底液进行驱替，例如瓜胶溶液，然后再注入预交联液，这样避免了与成分复杂的井筒底液接触，同时通过调节前置液物性，最大限制地使不同流体介质间稳定分层，从而保证预交联液的成胶质量。

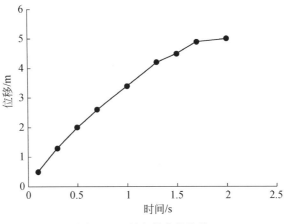

图 3.53　预交联液的位移

3.5　小　　结

本章运用实验、有限元和理论分析三种方法研究冻胶段塞的密封抗压特性，确定冻胶段塞的封隔特性及相关因素的影响。

1）开展了冻胶段塞气密封的大管径实验和相似实验，研究了大直径短段塞、大长径比细段塞的密封失效形式和抗压强度随长度、直径的变化，结果表明，段塞越长、管径越小，则段塞的抗压强度越大，相似实验中的抗压强度与长度具有高度线性关系。

2）根据冻胶的单轴压缩和简单剪切实验数据拟合建立了冻胶的本构模型，Polynomial_ N1 超弹态模型对于压剪复合应力状态具有较高的适用性和精度，结合冻胶的最大剪应变准则，有限元计算了段塞端面的抗压强度，通过引入界面内聚力模型，进一步确定了段塞的密封抗压强度，有限元计算结果与实验数据能很好吻合。

3）冻胶段塞的应力和变形沿高度呈现一定的衰减规律，压力载荷主要由段塞的下部承担，随着压力的增大，段塞底部边缘最先出现剪切破坏，并沿高度逐渐扩展，导致脱胶段与套管壁面相互挤压产生静摩擦力，使段塞的封隔形式由单纯的端面密封逐渐退化为胶结界面和静摩擦共同作用的密封形式。

4）在实验和有限元分析的基础上，针对冻胶-套管界面胶结良好、部分破坏两种情况对冻胶段塞进行理论分析，提出脱胶段的临界长度模型，该临界长度与段塞长度、压缩模量、摩擦系数、管径、胶结力等参数有关，临界值较大，则摩擦力在段塞封隔中起主要作用，反之，段塞主要靠界面胶结起封隔作用，较好地阐明了冻胶段塞的封隔特性。

　　5）确定了配方组分浓度、段塞上部压力、纤维素、混浆等因素对冻胶密封抗压性能的影响。

第4章　冻胶段塞成型模拟研究

冻胶在井下的成胶条件比室内环境要复杂得多，受注入时与井筒内流体介质混合、底部气体上升等因素影响。本章针对欠平衡钻井工艺，开展冻胶段塞的成型研究，通过揭示不同因素下段塞的成型规律，为冻胶欠平衡钻井工艺的制定提供依据。

4.1　顶替特性研究

为了保证冻胶段塞处于井筒中的设计位置，需要将一定量的预交联液送至井筒中要求的深度进行胶凝。现场作业时，通过依次泵注前置液、预交联液和后置液，将预交联顶替到相应位置。在注入过程中，相邻两种流体间存在一定掺混，使得成胶后段塞的机械性能下降和有效长度缩短，故选择前、后置液时应考虑它们与预交联液的顶替情况。这里通过实验方法分别研究清水、泥浆、淀粉溶液等不同介质与预交联液的顶替特性。

4.1.1　实验方案

针对现场作业冻胶段塞长度300m、套管直径159mm等尺寸，采用相同长径比的透明细管进行室内实验，细管长度5.6m、内径3mm，呈竖直悬挂状态（图4.1）。实验中涉及四种流体介质：预交联液、清水、泥浆、淀粉溶液，其密

图4.1　顶替装置示意图

度和黏度如表 4.1 所示。

表 4.1 不同流体介质的基本参数

介质	密度/(g/cm³)	黏度/(Pa·S)
预交联液	1.08	0.03
清水	1.0	0.001
泥浆	1.26	0.02
淀粉溶液	1.15	0.01

顶替实验步骤为：

①配制一定体积的顶替液，从管子下端注入；

②配制一定体积的预交联液，用注射器以 2m/s 的速度注入，观察顶替、混合情况，测试混合长度；

③重复以上预交联液与前置液的顶替实验 3 组；

④改变顶替方式，细管底部为预交联液，用注射器以 2m/s 的速度注入顶替液，观察顶替、混合情况，测试混合长度；

⑤重复以上后置液与预交联液的顶替实验 3 组。

4.1.2 实验现象及结果分析

1. 清水与预交联液间的顶替

清水从上往下顶替预交联液时，混合严重，分界面模糊（图 4.2）。结束注入时，测试混合长度，其数据如表 4.2 所示。可以看出，三组测试的混合长度平均为 1.33m，约占预交联液长度的 47.50%。

图 4.2 清水顶替预交联液混合图

表 4.2　清水顶替冻胶的混合情况

实验	预交联液长度/m	混合长度/m	混合比/%
1		1.32	47.14
2	2.80	1.26	45.0
3		1.41	50.36
平均	2.80	1.33	47.50

　　预交联液从下往上顶替清水时，两者间也发生了严重混合，分界面模糊（图 4.3）。混合长度平均为 1.18m，约占清水长度的 42.14%（表 4.3）。

图 4.3　预交联液顶替清水混合图

表 4.3　预交联液顶替清水的混合情况

实验	清水长度/m	混合长度/m	混合比/%
1		1.15	41.07
2	2.80	1.18	42.14
3		1.21	43.21
平均	2.80	1.18	42.14

　　2. 泥浆与预交联液之间的顶替

　　泥浆从下往上顶替预交联液，两者间互混不明显，存在一清晰分界面（图 4.4），混合长度平均为 0.103m，仅占预交联液长度的 3.69%（表 4.4）。

图 4.4　泥浆顶替预交联液混合图

表 4.4　泥浆顶替预交联液的混合情况

实验	预交联液长度/m	混合长度/m	混合比/%
1		0.10	3.57
2	2.80	0.11	3.93
3		0.10	3.57
平均	2.80	0.103	3.69

　　预交联液从下往上顶替泥浆，两者间互混不明显，分界面清晰（图 4.5），混合长度平均为 0.12m，仅占泥浆长度的 4.28%（表 4.5）。

图 4.5　预交联液顶替泥浆混合图

表 4.5　冻胶顶替泥浆测试结果

实验	泥浆长度/m	混合长度/m	混合比/%
1		0.11	3.93
2	2.80	0.13	4.64
3		0.12	4.28
平均	2.80	0.12	4.28

3. 淀粉溶液与预交联液之间的顶替

淀粉溶液从上往下顶替预交联液，两者间互混不明显，分界面清晰（图4.6），混合长度平均为0.12m，仅占泥浆长度的5.60%（表4.6）。

图 4.6　淀粉溶液顶替预交联液互混图

表 4.6　淀粉溶液顶替冻胶测试结果

实验	预交联液长度/m	混合长度/m	混合比/%
1		0.15	5.36
2	2.8	0.17	6.07
3		0.15	5.36
平均	2.8	0.157	5.60

预交联液从下往上顶替淀粉时，无明显互混现象，分界面清晰，混合长度平

均为 0.12m，仅占淀粉溶液长度的 6.90%（表 4.7）。

表 4.7　冻胶顶替淀粉溶液测试结果

实验	淀粉溶液长度/m	混合长度/m	混合比/%
1		0.19	6.78
2	2.8	0.21	7.50
3		0.18	6.43
平均	2.8	0.193	6.90

通过以上顶替实验，可以得出以下结论：顶替液黏度对顶替效果的影响较大，清水与预交联液顶替时，两者间互混严重，不能保证注入的预交联液到达设计位置，而采用黏度较大的泥浆和淀粉溶液，顶替界面清晰，能够使预交联液前进到井下给定位置进行胶凝。

4.2　液体密度差引起的混合特性研究

井筒中的预交联液在胶凝过程中，与前置液因为物性不同发生相互扩散混合，导致交联液浓度下降，成胶质量较差，胶体下端面在压力作用下易产生裂纹，并向内部扩展，这是造成冻胶段塞抗压能力下降的主要原因之一。为了降低预交联液与前置液的混合程度，有必要研究竖直管中不同流体的混合特性，为冻胶配方的研制、冻胶阀完井工艺的设计提供参考。两种流体因为密度、黏度差异而引起的混合是一种在自然界和工程中广泛存在的液–液两相流动，具有典型的相界面迁移和扩散特征，这里以预交联液和底液为研究对象，运用计算流体动力学方法研究两种流体的混合流型，确定密度、黏度差对混合速度的影响，有助于掌握混合规律，保障段塞的良好成型。

4.2.1　Mixture 多相流模型

表征液–液多相流的模型主要基于两种方法：一是通过建立各相的流动方程组和各相的体积分数方程使方程组封闭，即"Euler-Euler"模型；另一种是直接建立混合相的流动方程组和体积分数方程（"Mixture"模型），其中，混合相流动方程组包含连续性方程和动量方程，与"Euler-Euler"模型相比，由于不需要求解每一相的流动方程，在计算精度相差不大的情况下，Mixture 模型的计算量大为减少。

Mixture 模型的连续方程为

$$\frac{\partial}{\partial t}(\rho_m) + \nabla \cdot (\rho_m \vec{v}_m) = 0 \tag{4.1}$$

式中，ρ_m 是混合液密度，kg/m³；t 是时间，s；∇ 是哈密顿算子；$\rho_m = \sum_{k=1}^{n} \alpha_k \rho_k$，其中，$\alpha_k$ 是第 k 相的体积分数，ρ_k 是第 k 相的密度，kg/m³；$\vec{v}_m$ 是各相速度 $\vec{v}_k$ 对质量取平均，m/s，

$$\vec{v}_m = \frac{\sum_{k=1}^{n} \alpha_k \rho_k \vec{v}_k}{\rho_m} \tag{4.2}$$

通过对各相的动量方程求和可得到 Mixture 模型的动量方程，

$$\frac{\partial}{\partial t}(\rho_m \vec{v}_m) + \nabla \cdot (\rho_m \vec{v}_m \vec{v}_m) = -\nabla p + \nabla \cdot [\mu_m(\nabla \vec{v}_m + \nabla \vec{v}_m^T)] \\ + \rho_m \vec{g} + \vec{F} + \nabla \cdot \left(\sum_{k=1}^{n} \alpha_k \rho_k \vec{v}_{dr,k} \vec{v}_{dr,k} \right) \tag{4.3}$$

式中，p 是压强，Pa；$\vec{g}$ 是重力加速度，m/s²；$\vec{F}$ 是体积力，N；n 是相数；μ_m 是混合黏度，Pa·s，

$$\mu_m = \sum_{k=1}^{n} \alpha_k \mu_k \tag{4.4}$$

μ_k 是第 k 相的黏度，Pa·s；$\vec{v}_{dr,k}$ 为第 k 相的相对速度，m/s，

$$\vec{v}_{dr,k} = \vec{v}_k - \vec{v}_m \tag{4.5}$$

Mixture 模型的相对速度 $\vec{v}_{qp}$ 表示了第二相 p 相对于主相 q 的速度，有

$$\vec{v}_{qp} = \tau_{qp} \vec{a} \tag{4.6}$$

式中，$\vec{a}$ 是第二相液滴的加速度，m/s²；τ_{qp} 是液滴的弛豫时间，s，有

$$\tau_{qp} = \frac{(\rho_m - \rho_p) d_p^2}{18 \mu_q f_{drag}} \tag{4.7}$$

其中，ρ_p 是第二相 p 的密度，kg/m³；d_p 是液滴直径，m；f_{drag} 为曳力函数，

$$f_{drag} = \begin{cases} 1 + 0.15 Re^{0.687}, & Re \leqslant 1000 \\ 0.0183 Re, & Re \geqslant 1000 \end{cases} \tag{4.8}$$

由第二相 p 的连续方程，建立相 p 的体积分数方程，

$$\frac{\partial}{\partial t}(\alpha_p \rho_p) + \nabla \cdot (\alpha_p \rho_p \vec{v}_m) = -\nabla \cdot (\alpha_p \rho_p \vec{v}_{dr,p}) \tag{4.9}$$

式中，α_p 是第二相 p 的体积分数；$\vec{v}_{dr,k}$ 为第二相 p 的相对速度，m/s。

4.2.2　数值模拟

当交联液注入到井筒某一深度时，由于密度比压井液的小，主要发生交联液与上方压井液间的混合，因此，建立的模型区域沿重力方向分别填充压井液和交联液，并设置二维轴对称网格模型的左端面为压力入口，若发生回流，从入口处

流入压井液，右端面设为无滑移壁面边界条件（图 4.7）。模型包含 8960 个四边形网格，总长 10m，半径 0.0795m，压井液和交联液初始长度皆为 5m。

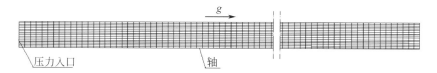

图 4.7　计算网格模型

本节采用适用于非定常计算的 PISO 算法迭代求解流动方程，确定每一时间步长的压力场、速度场及相体积分数分布。考虑到计算的收敛性和结果的准确性，时间步长取 0.001s。为了确定混合速度，需要建立混合判断条件，即混合液中某相的浓度达到一定值时，认为发生了混合。

4.2.3　混合试验

交联液与压井液混合引起交联液浓度下降，影响胶体强度，通过混合试验可以确定混合比与胶体强度的关系。将一定量的交联液与压井液先后缓慢倒入同一试管内，静置加热一段时间后，将试管倒置，观察胶体是否发生明显"吐舌"，若"吐舌"长度达到一定值，表明胶体的本体强度和界面胶结强度较小，则将试管内的交联液体积分数作为成胶混合比。通过改变倒入的压井液体积，确定出现严重"吐舌"现象时的最小体积分数为 70%，因此，以压井液体积分数 0.3 作为交联液混浆的判断条件。

4.2.4　计算结果分析

1. 流场分析

当交联液和压井液的密度分别为 1050kg/m³、1200kg/m³，黏度都为 0.05Pa·s 时，交联液的体积分数随时间的变化如图 4.8 所示。

(a)1.0s

(b)4.0s

(c)7.75s

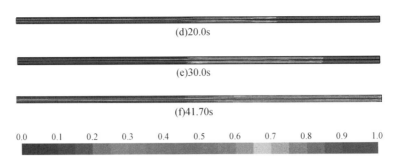

(d)20.0s

(e)30.0s

(f)41.70s

| 0.0 | 0.1 | 0.2 | 0.3 | 0.4 | 0.5 | 0.6 | 0.7 | 0.8 | 0.9 | 1.0 |

图4.8　交联液的体积分数随时间的变化

由图4.8可看出，较重的压井液沿着管内壁呈环状向右流入，不断与交联液混合，而较轻的交联液自管的中心轴线经过中间界面向左连续流入压井液内部，7.75s时，交联液在左端面的体积分数达到0.3，当时间为41.7s时，右端面上的压井液体积分数最大增至0.3，混浆长度为5m。

由图4.9（a）可看出，交联液呈一锥状向前推进，中心轴线处具有最大流速，沿着半径增长方向，速度不断降低（图4.9b）。从图4.9（c）可以看出，距左端面3.6m处的横截面上，交联液的最大轴向速度为1.7m/s，随着径向高度的增加，流速不断减小，在0.036m处降至0，当高度进一步增大时，由于出现压井液沿重力方向的流动，向右流速不断增加，并在0.052m处达到最大的0.29m/s，此后流速不断下降至0。

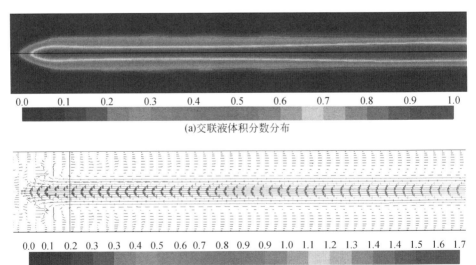

| 0.0 | 0.1 | 0.2 | 0.3 | 0.4 | 0.5 | 0.6 | 0.7 | 0.8 | 0.9 | 1.0 |

(a)交联液体积分数分布

| 0.0 | 0.1 | 0.2 | 0.3 | 0.3 | 0.4 | 0.5 | 0.6 | 0.7 | 0.8 | 0.9 | 0.9 | 1.0 | 1.1 | 1.2 | 1.3 | 1.4 | 1.4 | 1.5 | 1.6 | 1.7 |

(b)速度场分布(m/s)

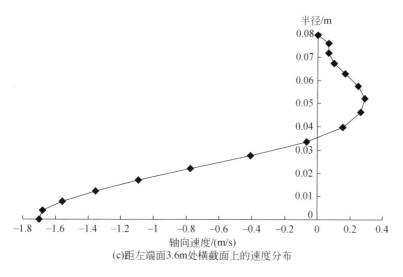

(c)距左端面3.6m处横截面上的速度分布

图4.9　4s时的计算结果

2. 交联液密度变化对混合速度的影响

　　两种流体不断向两端扩散、相互混合，存在着两种混合速度，即压井液端的交联液混合速度和交联液端的压井液混合速度，为了分析的方便，以交联液体积分数0.3作为交联液的混合判断条件。当压井液基本参数不变时，不同交联液密度下的混合过程如图4.10所示。

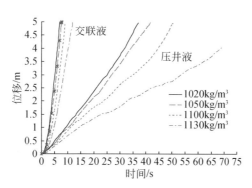

图4.10　交联液密度变化对混合过程的影响

　　图4.10所示为交联液和压井液自中间截面分别向两端流动、混合的最大位移。可以看出，交联液向压井液端流动的速度明显大于压井液向交联液端的流速，交联液最大位移随时间呈线性增大，瞬时混合速度基本不变，而压井液最大

位移曲线在密度大于 $1100kg/m^3$ 时出现了一些波动，主要是低密度差引起的混合速度较小，压井液在交联液内部沿径向进行充分的扩散混合，导致轴向混合速度下降。由图 4.11 可看出，当交联液密度由 $1020kg/m^3$ 增大到 $1130kg/m^3$ 时，交联液混合速度由 $0.71m/s$ 降为 $0.42m/s$，下降率 40.8%，而压井液到达右端面的平均混合速度从 $0.13m/s$ 降至 $0.06m/s$，下降率 53.8%，密度大的压井液的混合速度下降率较大。

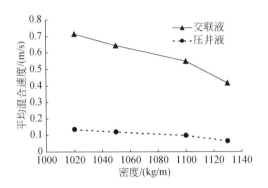

图 4.11　交联液密度对混合速度的影响

3. 交联液黏度变化对混合速度的影响

当压井液基本参数不变、交联液黏度改变时的混合过程如图 4.12 所示。

由图 4.12 可看出，同一黏度下，交联液最大位移与时间基本成线性关系，但压井液最大位移曲线在黏度大于 $0.07Pa·s$ 时有较明显的曲线段，表明压井液的轴向速度发生了变化。当交联液黏度由 $0.05Pa·s$ 增大到 $0.11Pa·s$ 时，交联液混合速度由 $0.64m/s$ 降为 $0.44m/s$，下降率 31.2%，而压井液的平均混合速度从 $0.12m/s$ 降至 $0.09m/s$（图 4.13），下降率 25.0%，密度小的交联液的混合速度下降率较大。

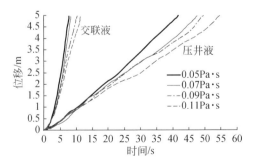

图 4.12　交联液黏度变化对混合过程的影响

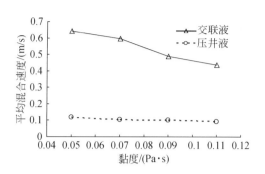

图 4.13　交联液黏度对混合速度的影响

综合以上分析，有以下结论：

1）密度大的压井液沿管壁呈环状流入交联液内部，引起壁面处的交联液浓度急剧下降，导致胶结界面强度降低。

2）密度小的交联液沿着中心轴线连续流入压井液内部不断混合，导致有效成胶长度缩短，冻胶本体抗压能力降低。

3）两种流体的密度差越小，混合越慢，重流体在轻流体内的混合速度有更大的下降率；随着交联液黏度的增大，混合速度下降，轻流体在重流体内的混合速度下降率更明显。

4）在欠平衡钻井中使用冻胶，井筒底部为密度较大的钻井液，注交联液前可先注入盐水作为前置液，形成由下往上分别为钻井液、盐水、交联液这种密度依次递降的不同液层，能有效避免液体间的掺混，保障成胶后段塞的完整性。

4.3　气液混合特性研究

气体欠平衡钻井是一种用气体作为钻井流体的钻井技术，在提高机械钻速、保护油气层方面有不可替代的优势。钻完井后用冻胶封隔井筒，下部依次为前置液和气体，而气体将上升并与液体混合，甚至发生气窜，使得成胶后冻胶内部存在气体通道，不能形成有效段塞。因此，研究气液混合特性，并进行气体欠平衡钻井冻胶的成型实验非常必要，能为现场工艺的制定提供科学依据。

4.3.1　VOF 多相流模型

胶体溶液与气体形成稳定的封闭界面是液体封隔气体的关键，为了捕捉气液界面的变化，采用 VOF 模型模拟气液两相流。

在每个控制体内，各相 n 的位置不能重叠，体积分数之和等于 1，即

$$\sum_{q=1}^{n} a_q = 1 \tag{4.10}$$

式中，a_q 是第 q 相的体积分数。

各相的界面通过求解体积分数的连续性方程确定，对第 q 相，有

$$\frac{\partial}{\partial t}(a_q \rho_q) + \nabla \cdot (a_q \rho_q \vec{v}_q) = \sum_{p=1}^{n}(\dot{m}_{pq} - \dot{m}_{qp}) \tag{4.11}$$

式中，t 是时间，s；ρ_q 是第 q 相的密度，kg/m^3；∇ 是哈密顿算子；$\vec{v}_q$ 是速度矢量，m/s；$\dot{m}_{pq} - \dot{m}_{qp}$ 是 p 相到 q 相的净质量传递，$kg/(m^3 \cdot s)$。

在每个控制体内，各相的共同速度 $\vec{v}$ 根据动量方程确定，有

$$\frac{\partial}{\partial t}(\rho \vec{v}) + \nabla \cdot (\rho \vec{v} \vec{v}) = -\nabla p + \nabla \cdot [\mu(\nabla \vec{v} + \nabla \vec{v}^{\mathrm{T}})] + \rho \vec{g} + \vec{F} \tag{4.12}$$

式中，ρ 为平均密度，根据控制容积中各相组分浓度确定，有

$$\rho = \sum_{q}^{n} a_p \rho_p \tag{4.13}$$

μ 为平均黏度，$Pa \cdot s$，其定义为

$$\mu = \sum_{q}^{n} a_p \mu_p \tag{4.14}$$

p 是压强，Pa。$\vec{g}$ 是重力加速度，m/s^2；$\vec{F}$ 是动量方程源项，主要考虑由于气液分子较大差别引起的表面张力。在垂直于界面的方向上，表面张力作用产生的压降为

$$\Delta p = \sigma \left(\frac{1}{R_1} + \frac{1}{R_2} \right) \tag{4.15}$$

式中，σ 是表面张力系数；R_1、R_2 是表面在过中心两个互相垂直平面上的曲率半径，根据 Brackbill 等提出的连续表面张力（CSF）模型，表面曲率等于

$$k = \nabla \cdot \frac{\vec{n}}{|n|} \tag{4.16}$$

式中，$\vec{n}$ 为表面法线向量，

$$\vec{n} = \nabla \alpha_q \tag{4.17}$$

表面张力用体积力可表示为

$$F_{\mathrm{vol}} = \sum_{\mathrm{pairs}\ ij, i<j} \sigma_{ij} \frac{\alpha_i \rho_i k_j \nabla \alpha_j + \alpha_j \rho_j k_i \nabla \alpha_i}{\frac{1}{2}(\rho_i + \rho_j)} \tag{4.18}$$

对于气液两相，由于

$$\kappa_i = -\kappa_j$$

$$\nabla \alpha_i = -\nabla \alpha_j$$

因此，式 (4.18) 可简化为

$$F_{\text{vol}} = \sigma_{ij} \frac{\rho \kappa_i \nabla \alpha_i}{\frac{1}{2}(\rho_i + \rho_j)} \tag{4.19}$$

4.3.2　气液界面描绘

用有限控制体法离散流动微分方程时，要求每个控制体内的对流和扩散通量与源项保持平衡。其中，控制体通量的计算需要先确定气液界面的位置，目前主要有几何重构（geometric reconstruction）、物质接受（donor-acceptor）等界面描绘方法。

几何重构方法假定两流体的界面在控制体内是个斜面，采用分段线性的方法计算通过该斜面的通量。物质接受方法把实际界面通过的单元根据相体积分数视为该相流体的给予，它等于其他相流体的接受。两种方法描绘的界面如图 4.14 所示，可以看出，用几何重构方法描绘的界面形状比较接近真实情况。

 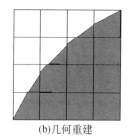 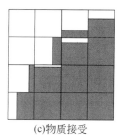

(a)实际　　　　　　　　(b)几何重建　　　　　　　　(c)物质接受

图 4.14　界面形状的描绘

4.3.3　模型的简化及建立

为了确定井筒中液柱对下方气体的封隔情况，需要分析气液界面的运移和变形过程。这里选择原始分界面附近的区域作为研究对象，根据结构的轴对称性，建立二维的轴对称 CFD 模型（图 4.15）。模型采用 4 边形网格对流体区域进行离散，并在黏滞作用较大的壁面附近对边界层进行加密，共 8000 个单元。模拟井筒直径 0.16m、高度 4m，介质由液柱和下方的气柱组成，气柱初始长度 1m。假设气柱各处的压力都等于 P，则模型的下边界条件为恒定的压力入口，上边界条件为压力出口，表压等于 0，表示与大气相通。

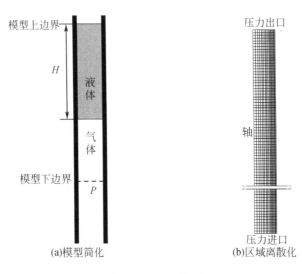

图 4.15　CFD 模型

4.3.4　计算方法

　　运用有限控制体法对流动微分方程组进行积分,同时采用 PRESTO 和二阶迎风格式离散压力项和动量项,获得关于压力-速度的耦合代数方程组,应用 PISO 算法和几何重建方法进行非稳态的隐式迭代求解,确定每一时间步长的压力场、速度场及相体积分数分布。考虑到计算的收敛性和结果的准确性,时间步长取 0.001s。

4.3.5　预交联液黏度对气窜的影响

　　已知条件:胶体溶液密度 1143kg/m³,气体进口压力 P 等于液柱的底部静压 44805Pa,气液界面随时间的运移情况如图 4.16 ~ 图 4.17 所示。

　　图 4.16 所示是溶液黏度为 0.001Pa·s 时的液相体积分数分布。由图可见,液体向下沿中心流入气体内部,形成一连续液流,并逐渐从下端面流出;气体向上沿管壁上升,同时与中间的液体相混合,气液界面不断向中心收缩,最终在计算区域内形成中心为细小液柱的大宗气相流动(图 4.18a)。当溶液黏度提高到 1Pa·s 时,界面向气相端的运移过程基本不变,而液相端的界面变化出现较大差别,主要是因为黏度增大提高了溶液的内聚力,液体在下方气流的作用下形成向上流动的塞流(图 4.17、图 4.18b)。

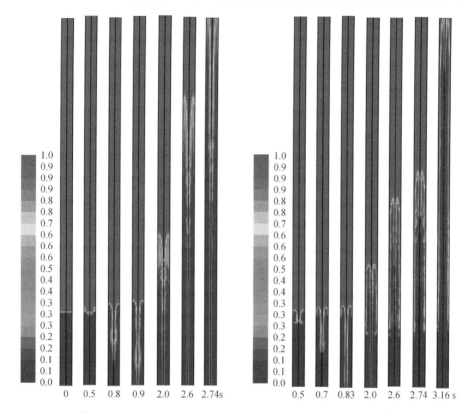

图 4.16　黏度为 0.001Pa·s 时液相浓度　　图 4.17　黏度为 1Pa·s 时液相浓度

(a)黏度0.001Pa·s、时间2.74s　　　　　(b)黏度1Pa·s、时间3.16s

图 4.18　不同气窜流态

图 4.19 所示为距顶部 1m 处横截面上的液相浓度分布。结合图 4.18 可看出，液体黏度等于 0.001Pa·s 时，由于滑脱，向上的气流中心存在连续液柱，边壁附近也黏附着少量液体。当黏度为 1Pa·s 时，由于溶液内摩擦力增大，在下方气流的作用下整体向上流动。

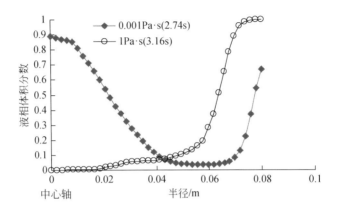

图 4.19　距顶部 1m 处横截面上的液相浓度

图 4.20 ~ 图 4.21 所示为两种不同黏度溶液的速度场分布。随着气流的不断上升，上方的液体由开始的向下流动（1.0s）转而向上（2.0s）。在计算区域下半段，向下的液流与周围向上的气流相互拖拽，产生振动，形成漩涡。

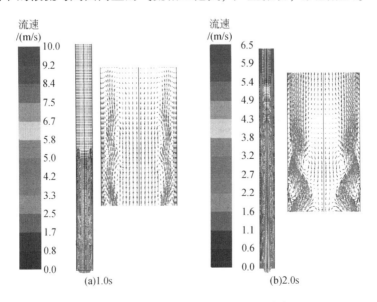

图 4.20　黏度为 0.001Pa·s 时流速分布

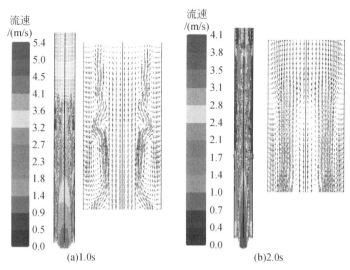

图 4.21　黏度为 1Pa·s 时流速分布

图 4.22~图 4.24 所示是黏度分别为 10Pa·s、100Pa·s、200Pa·s 时液相的

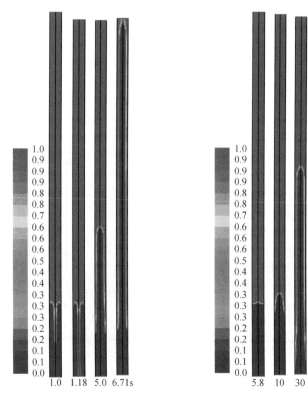

图 4.22　10Pa·s 时液相浓度　　　　　图 4.23　100Pa·s 时液相浓度

体积分数及流速分布。随着溶液黏度的提高，气体的上升速度降低，到达顶部形成气窜的时间延迟，当黏度增至200Pa·s时，气体到达顶部的时间为70s，气体在液相中的平均流动速度降至0.057m/s。

　　由于黏度的增大，溶液抵抗变形的能力和对壁面的黏附作用增强，当黏度为100Pa·s、200Pa·s时，气液界面只发生向气相端的运移，气体向上沿中心窜入液体内部（图4.23、图4.24），变形界面清晰、气液混合不明显（图4.25）。

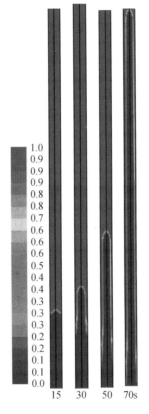

图4.24　200Pa·s时液相浓度

　　通过以上分析，有以下结论：

　　1）若气柱的压力等于上方静液柱压强时，液柱不能实现对下方气柱的稳定封隔，但提高黏度可以推迟气窜的发生，黏度越高，气体上升速度越小，黏度由0.001Pa·s提高到200Pa·s时，气体的平均上升速度从1.46m/s降至0.057m/s；

　　2）气液界面的运移规律与溶液的黏度有关。当溶液的黏度小于10Pa·s时，初始界面向气相凹入，液相自中心向下流出；随着液柱高度的降低，气体往上推

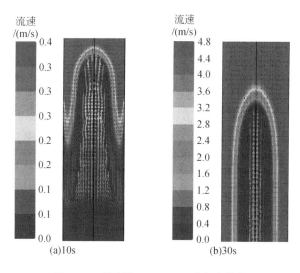

(a)10s　　　　　　　(b)30s

图 4.25　黏度为 100Pa·s 时流速分布

动液柱，黏度等于 0.001Pa·s 时，由于滑脱，气流中心存在一条细小液柱，黏度大于 1Pa·s 时，液相形成塞流从顶部流出，在壁面残留一层液膜，当溶液的黏度进一步提高达到 100Pa·s 时，水平界面向液相内部运移，逐渐在液柱中心形成气流通道。

4.3.6　原尺寸冻胶成型数值模拟

　　根据现场用冻胶段塞的长度 200m 和直径 159mm，建立实际模型，数值模拟预交联液在不同底部气压下的成型。预交联液密度为 1.06/cm³，初始黏度为 0.2Pa·s，在候凝成交过程中，黏度随时间逐渐上升（图 4.26），模拟时根据拟合公式确定瞬时黏度。

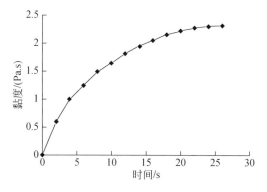

图 4.26　预交联液黏度随时间的变化

1. 不同底部气体压力下的成型模拟结果

图 4.27 所示为不同底部气体压力下气体穿过上方预交联液的高度。由图可见，当底部气体压力小于 2.5MPa 时，气体在预交联液中的上升高度随时间近似为线性增大，然后趋于平缓，最终保持不变，则气体上方的预交联液能胶凝形成段塞。由表 4.8 可见，随着气体压力的增大，形成的段塞长度缩短。当压力大于 2.7MPa，气体持续上升直至穿过整段预交联液，不能形成段塞。

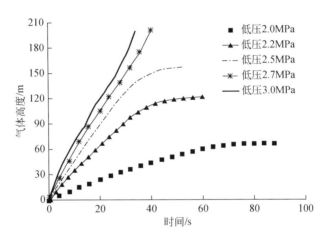

图 4.27　不同底部气压下气体瞬时上升高度

表 4.8　不同底部气体压力下成型段塞长度

预交联液总长/m	底部气体压力/MPa	气体上升高度/m	段塞长度/m
200	2.0	67.18	132.82
	2.2	122.23	77.76
	2.5	157.33	42.67
	2.7	200	0
	3.0	200	0

2. 不同长度和物性（密度、黏度）预交联液的成型模拟结果

预交联液总长 100~500m，密度分别为 1.06kg/cm³、1.02kg/cm³，初始黏度分别为 0.1Pa·s、0.2Pa·s 时，段塞成型长度的模拟结果如表 4.9~表 4.12 所示。可以看出，密度或黏度较大的预交联液，成型段塞较长。

表 4.9   冻胶密度为 1.06kg/cm³，黏度为 0.1Pa·s 的段塞长度

预交联液长度/m	底部压力/MPa 段塞长度/m 1	2	3	4	5
100	35.23	0	0	0	0
200	144.37	105.65	0	0	0
300	252.69	224.87	155.34	0	0
400	361.55	331.54	288.92	195.67	0
500	477.85	464.68	405.87	339.94	250.58

表 4.10   冻胶密度为 1.06kg/cm³、黏度为 0.2Pa·s 的段塞长度

预交联液长度/m	底部压力/MPa 段塞长度/m 1	2	3	4	5
100	48.53	0	0	0	0
200	158.75	122.82	0	0	0
300	269.48	245.26	185.84	0	0
400	381.38	362.24	312.37	236.49	0
500	490.69	485.83	454.52	392.81	291.82

表 4.11   冻胶密度为 1.02kg/cm³、黏度为 0.1Pa·s

预交联液长度/m	底部压力/MPa 段塞长度/m 1	2	3	4	5
100	29.81	0	0	0	0
200	132.53	85.65	0	0	0
300	256.75	201.87	135.34	0	0
400	366.34	321.54	258.92	185.67	0
500	475.73	452.68	415.87	339.94	220.58

表 4.12　冻胶密度为 1.02kg/cm³、黏度为 0.2Pa·s

预交联液长度/m　　段塞长度/m　　底部压力/MPa	1	2	3	4	5
100	38.37	0	0	0	0
200	145.28	101.58	0	0	0
300	258.65	228.83	152.26	0	0
400	365.39	347.51	279.35	207.54	0
500	488.67	462.91	435.48	374.56	267.95

4.4　气体欠平衡钻井冻胶成型实验

以上运用数值模拟方法分析了密度差异引起的液-液和气-液混合特性,有助于了解注入交联液过程中掺混的影响规律。考虑到实际作业时影响因素总多,以上两种混合都可能发生且更复杂,为此,开展气体欠平衡钻井的冻胶成型实验,以期揭示成胶前相关作业工艺对段塞密封抗压强度的影响,为指导现场作业提供合理依据。

气体欠平衡钻完井后,先后注入前置液和预交联液,形成如图 4.28 所示从下往上分别为气体、前置液、预交联液的分层,然后上提钻柱至井口,候凝成胶。钻杆上提和底部气体上升可能引起界面变化甚至影响成胶质量,是重点考虑的影响条件。

4.4.1　实验方案

采用常用的不同前置液置于模拟井筒的底部,上部为预交联液,井筒底部持续通入一定压力气体。模拟钻头从不同流体层(钻头沉入前置液、与分界面平齐、沉入预交联液)开始以一定速度上升,观察成胶过程并测试成胶后的抗压强度。实验步骤为:

①将钻头下到距井底 0.4m 高度处;

②开启温度控制箱,设置加热温度为 80℃;

③开启压缩机及压力控制装置,检查通气管路是否畅通,调节套管底部的气体注入压力为 0.01MPa;

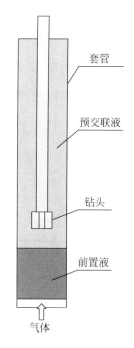

图 4.28　气体欠平衡钻井井筒示意图

④配制密度为 1.09g/cm³ 的盐水并注入套管，盐水液面高度为 0.4m，与钻头平齐；

⑤配制预交联液并注入套管，长度 2.4m；

⑥等待 10 分钟，然后以 0.1m/s 的速度匀速上提钻具并移出套管；

⑦候凝成胶 6 小时，测试冻胶的抗压强度，记录数据；

⑧打开底部阀门，排出前置液，并清除套管内冻胶，清洗干净；

⑨将前置液换成密度为 1.25g/cm³ 的泥浆，重复上述步骤，测试冻胶的抗压强度；

⑩在步骤④中，增注前置液，使液面高度达到 0.6m，测试钻头初始位置为沉入前置液时的冻胶抗压强度；

⑪在步骤①中，将钻具下到距井底 0.6m 的位置，前置液高 0.4m，测试钻头初始位置为沉入预交联液时的冻胶抗压强度。

4.4.2　实验台架及设备

冻胶成型模拟实验台架示意图如图 4.29 所示，由预交联液配制、泵注系统、加热系统、起吊系统、注气系统和温度压力控制系统组成。搅拌罐用于冻胶配方各原料的搅拌混合，配好的预交联液采用液膜泵注入油管内，候凝成胶。油管与套管之间的环空充满清水，通过加热罐加热至给定温度后用离心泵循环，保证预交联液的成胶温度。装置上方有起吊装置，用于油管内钻柱的上提和下放。注气系统包括气源和各种控制阀，用于向油管下端注入气体，并控制压力。气体压力和循环水的温度通过温度压力控制台进行调节和存储显示。

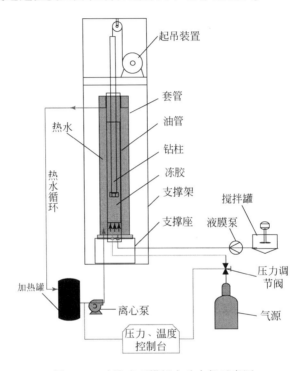

图 4.29　冻胶成型模拟实验台架示意图

　　实验台架如图 4.30 所示。装置总高 7m，其中，油管和套管高 3m，有不锈钢和钢制玻璃两套，起吊装置 4m。钢制玻璃管内的预交联液成胶过程可视，方便观察实验现象。空气压缩机的最高输出压力 4.5MPa，加热水最高温度 90℃，满足不同冻胶的成型温度和测试压力要求。

　　台架的主要设备包括：空气压缩机、气体控制柜、温度压力控制台、搅拌罐、提升系统及油管、成胶套管及模拟钻头、套管等，如图 4.31 ~ 图 4.33 所示。

图 4.30　冻胶成型模拟实验台架

(a)空气压缩机

(b)气体控制柜

图 4.31　加压动力控制装置

(a)温度压力控制界面

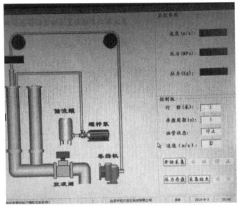

(b)数据采集界面

图 4.32　　温度压力控制系统

(a)搅拌罐

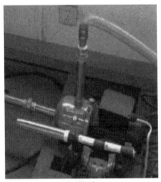

(b)液膜泵

(c)模拟钻头

(d)模拟套管

图 4.33　　部分制备、输送装置及工具

4.4.3　实验现象及结果分析

1. 钻头与分界面平齐

采用不同的注入流程,一种是反注,钻具上端用堵头封闭,下入后从环空注入预交联液;另一种是正注,钻具上端敞开,下入后从钻具内注入,由环空上返。反注时,观察到上提钻具引起底层的盐水随之上升,并上窜至预交联液的顶部,成胶质量差。打开阀门清洗,发现返出的底部液体为盐水与预交联液的混合液,颜色和黏度都发生了变化(图4.34)。正注时,上提钻具过程中,预交联液往下流动,与底部盐水的分界面基本稳定,冻胶能够成型。这是因为,反注预交联液导致底部的盐水被压入钻具内部,在上提钻具过程中,盐水又从钻具流出并与周围的预交联液快速混合,而正注时,钻具内充满预交联液,上提钻具引起的层间混合作用较小。

图 4.34　返出的底部液体

改变套管底部的气体注入压力,当压力低于 0.02MPa 时,观察到气体沿着套壁上窜(图4.35a),提出钻具后,气泡变小(图4.35b),成胶后,无气泡冒出(图4.35c),段塞成型。

当套管底部的注入气体压力为 0.03MPa 时,液面中间和管壁附近不断鼓起较大气泡(图4.36),成胶后仍有气体溢出,段塞无法成型,未能起密封作用。

段塞的抗压强度测试结果如表4.13~表4.14所示。可以看出,随着套管底部的注入气体压力增大,成胶后段塞的抗压强度不断下降直至无法成型。当底液为密度较大的泥浆时,相对于盐水,冻胶能够在较高的注入气体压力下成胶,并具有较高的抗压强度。

(a)起钻前

(b)起钻后

(c)成胶后

图 4.35　顶端气泡现象（压力<0.02MPa）

(a)内管壁附近冒泡

(b)液面中间冒泡

图 4.36　顶端气泡现象（压力 0.03MPa）

表 4.13　底液为盐水时的抗压强度测试数据

底部液体（盐水）密度/(g/cm³)	成胶时，注入套管底部的气体压力/MPa	段塞抗压强度/MPa
1.09	0.01	0.086
1.09	0.12	0.076
1.09	0.015	0.063
1.09	0.018	0.055
1.09	0.02	0.046
1.09	0.022	未能成型
1.09	0.025	未能成型

表 4.14 底液为泥浆时的抗压强度测试数据

底部液体（泥浆）密度/(g/cm³)	成胶时，注入套管底部的气体压力/MPa	段塞抗压强度/MPa
1.25	0.01	0.1
1.25	0.012	0.094
1.25	0.015	0.085
1.25	0.018	0.079
1.25	0.02	0.072
1.25	0.022	0.058
1.25	0.025	0.043
1.25	0.03	未能成型

2. 钻头沉入底部液体

钻头沉入前置液（底液）中，然后正注预交联液，并测试成胶后段塞的抗压强度。由表 4.15 ~ 表 4.16 可见，抗压强度随成胶时气体压力的增大而降低，随底液密度的增大而提高。相较于钻头与分界面平齐时的结果（表 4.13 ~ 表 4.14），抗压强度明显下降，主要是因为，钻头沉入底部液体后，在上提过程中，底部液体随之上升与预交联液发生混合，导致成胶效果变差。

表 4.15 底液为盐水时的抗压强度测试数据

底部液体（盐水）密度/(g/cm³)	成胶时，注入套管底部的气体压力/MPa	段塞抗压强度/MPa
1.09	0.01	0.061
1.09	0.012	0.056
1.09	0.015	0.048
1.09	0.018	0.039
1.09	0.02	未能成型
1.09	0.022	未能成型
1.09	0.025	未能成型

表 4.16 底液为泥浆时的抗压强度测试数据

底部液体（泥浆）密度/(g/cm³)	成胶时，注入套管底部的气体压力/MPa	段塞抗压强度/MPa
1.25	0.01	0.067
1.25	0.012	0.062
1.25	0.015	0.055

底部液体（泥浆）密度/(g/cm³)	成胶时，注入套管底部的气体压力/MPa	段塞抗压强度/MPa
1.25	0.018	0.048
1.25	0.02	未能成型
1.25	0.022	未能成型
1.25	0.025	未能成型

3. 钻头沉入预交联液

正注前置液（底液）和预交联液，使钻头沉入预交联液中，并测试成胶后段塞的抗压强度。由表 4.17 ~ 表 4.18 可见，抗压强度的变化规律与前面相同，即随成胶时气体压力的增大而降低，随底液密度的增大而提高。在相同的成胶气体压力下，抗压强度介于前面两种情况之间：小于"钻头与分界面平齐"的，但大于"钻头沉入底部液体"的强度。其原因为上提钻头时引起中心处的预交联液上升，并将部分底液抽吸上来发生混合，混合程度明显弱于"钻头沉入底部液体"的，但强于"钻头与分界面平齐"的。

表 4.17　底部垫盐水测试结果

底部液体（盐水）密度/(g/cm³)	成胶时，注入套管底部的气体压力/MPa	段塞抗压强度/MPa
1.09	0.01	0.073
1.09	0.012	0.066
1.09	0.015	0.054
1.09	0.018	0.043
1.09	0.02	未能成型
1.09	0.022	未能成型
1.09	0.025	未能成型

表 4.18　底部垫泥浆测试结果

底部液体（泥浆）密度/(g/cm³)	成胶时，注入套管底部的气体压力/MPa	段塞抗压强度/MPa
1.25	0.01	0.086
1.25	0.012	0.081
1.25	0.015	0.072
1.25	0.018	0.061
1.25	0.02	0.056

续表

底部液体（泥浆）密度/(g/cm³)	成胶时，注入套管底部的气体压力/MPa	段塞抗压强度/MPa
1.25	0.022	未能成型
1.25	0.025	未能成型

由以上实验可看出，上提钻具和成胶过程中底部气体压力显著影响预交联液的成胶质量。上提钻具时预交联液与底液掺混越严重，界面越不稳定，成胶就越困难，成胶后的抗压强度就越低。采用正注，并使钻头初始处于分界面高度时，其上升引起的掺混作用最小，段塞的抗压强度相对较高。预交联液成胶过程中，气井底部压力越大，气体的流量和速度增加，更容易穿过上方的预交联液，从而破坏预交联液的连续性，降低成胶质量。另外，通过增大底部液体的密度，用泥浆代替盐水，能够改善成胶质量。

4. 提高成胶质量的措施

针对预交联液下方气体压力高而段塞未能成型的问题，开展不同前置液密度和长度下的成型实验，确认增大前置液高密度和注入量对避免底部气体上窜的有效性。

将钻头下到距井底1m高度处，正注前置液和预交联液，使两种液体的分界面与钻头平齐，调节套管底部的气体注入压力为0.03MPa，测试不同密度前置液下段塞的抗压强度。

当前置液密度较小时，提出钻头后，预交联液顶部连续冒出大气泡（图4.37a），成胶后内部存在孔道而无密封效果。随着前置液密度的增大，鼓泡渐缓且直径变小（图4.37b、图4.37c），并在成胶中逐渐消失（图4.37d），实现了底部气体的有效封隔。

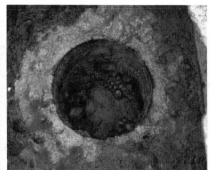

(a)低密度前置液时快速冒出大气泡　　　　　　(b)前置液密度增大时快速冒出小气泡

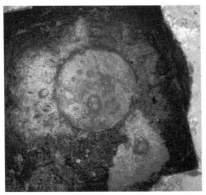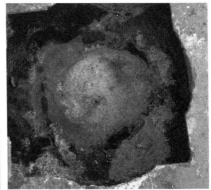

(c)前置液密度进一步增大时缓慢冒出小气泡　　　　　(d)成胶后无气泡冒出

图4.37　不同密度前置液下预交联液顶部的气泡情况

成胶后段塞的抗压强度测试数据如表4.19所示。可以看出，要克服成胶时套管底部注入气体压力0.03MPa的影响，前置液的密度需提高到1.55g/cm³以上，段塞才具有气密封性能，而且抗压强度随着前置液密度的增加不断增大。

表4.19　不同密度前置液下段塞的成型情况

底部加压/MPa	泥浆密度/(g/cm³)	突破压力/MPa
0.03	1.45	不能成胶，气体连续上窜
0.03	1.50	不能成胶，气体分散上窜
0.03	1.55	0.041
0.03	1.6	0.050
0.03	1.65	0.062

表4.20所示为不同前置液长度下段塞的抗压强度。前置液密度为1.5g/cm³，随着长度的增加，底部注入气体的上窜减弱，段塞逐渐成型，其抗压强度增加。

表4.20　不同长度前置液下段塞的成型情况

底部加压/MPa	泥浆长度/m	突破压力/MPa
0.03	1	不能成胶，气体连续上窜
0.03	1.2	不能成胶，气体分散上窜
0.03	1.5	0.039
0.03	1.8	0.045
0.03	2.0	0.053

4.5　冻胶悬空塞可行性实验

随着冻胶段塞在油田中的推广,对冻胶在不含底液的气井筒中能否形成悬空段塞的探讨具有现实意义。当前,悬空塞技术主要是应用水泥塞封闭储层,而当前冻胶配方能否形成段塞需要通过实验论证。

4.5.1　悬空塞技术调研

(1) 连续油管作业注悬空塞

陕西石油化工研究设计院张颖等 (2018) 在处理封堵报废井以阻止残余油气和有毒物质溢出的过程中,提出了一种适用于连续油管作业注悬空水泥塞的方法。水泥浆由三种配方组成:①储层水泥塞配方:G 级高抗硫酸盐油井水泥+1%~2% 分散剂+降失水剂+5%~10% 微硅+0.1%~0.5% 缓凝剂,水灰比为 0.45;②中层隔离液配方:清水,与表面水泥塞接触面向下 500m 处开始使用 0.5% 聚丙烯酰胺的水溶液,0.5% 聚丙烯酰胺的水溶液需提前 4h 配制;③表层水泥塞配方:G 级高抗硫酸盐油井水泥+1% 分散剂+1% 降失水剂+0%~0.2% 缓凝剂,水灰比为 0.45。

悬空塞作业步骤为:首先将连续油管作业车从探得塞面位置注储层水泥塞封闭储层,上提连续油管至套管内,关井候凝 48 小时,然后下放连续油管探塞面,从探得塞面位置与表层水泥塞接触面向下 500m 处开始注入中层隔离液,连续上提连续油管,至表层时开始注表层水泥塞封闭表层,起出连续油管,关井 48 小时。

该悬空水泥塞由三段组成,中间隔离液除离表层水泥塞近 500m 使用 0.5% 聚丙烯酰胺外,其余井段均使用清水,0.5% 聚丙烯酰胺的水溶液有良好的黏度,能较好的隔离水层和水泥浆层,避免水泥浆变稀,保证表面水泥的固井质量。中层隔离液取代了价格昂贵的水泥浆,在保障封固质量的前提下,大大降低了生产成本。

(2) 悬空打塞装置

山东胜利油田辛玉建 (2018) 针对井下底部无支撑时快速修井设备打塞存在的问题,设计了一种打塞装置。装置结构主要由筒体、灰浆筒、可旋转挡板等零部件组成。悬空打塞步骤为:

①组装石油工业用悬空打塞装置,再由快速修井设备用钢丝绳输送到井下,将装置按照要求下放到预定的施工深度,停止下放;

②上提钢丝绳,由于重力作用和摩擦块与井壁的摩擦,从而压缩软弹簧并带

动顶杆机头向下移动，与此同时，顶杆机头的端部与挡板顶杆的锁紧凹槽分离，解除锁定，另外，顶杆机头继续下行，在锥形颈部的施加径向推动力作用下，挡板顶杆开始绕第二销轴旋转，直至开关凸起的作用下，将挡板顶杆旋转至自由下垂状态；

③当挡板顶杆处于自由下垂状态时，上方的灰浆筒挡板失去了挡板顶杆的支撑，也沿着侧端的第一销轴旋转，从而使灰浆筒挡板上部的灰浆下落，进一步实现打悬空塞。

4.5.2 悬空塞成型实验

1. 实验步骤

①在储液罐内配制预交联液 100L；
②封堵注入管出口，在管线侧面沿周线均匀钻 3 个直径为 10mm 的注入孔；
③将注入管下入套管内，使注入孔距套管底部 2.5m（图 4.38）；

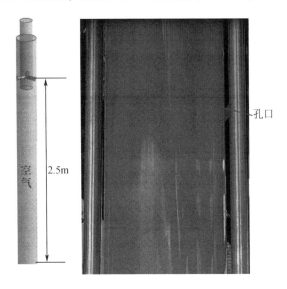

图 4.38　悬空塞实验部分装置

④将预交联液泵入注入管，观察预交联液从注入孔流出后到套管的流动，判断悬空塞能否形成。

2. 实验结果及分析

预交联液从 2.5m 处沿径向以 2.36m/s 的速度从 3 个圆孔射出时，沿井筒壁面往下流至底部，液面不断上升，可见预交联液在目前的流量及高度范围内无法形成悬空塞。为了使注入的交联液能够充满整个套管截面逐渐成胶，需要预先注入一定高度的前置液，在井筒底部支撑后续注入的预交联液，并形成稳定界面，从而创造预交联液静置候凝的条件。

4.6　小　　结

针对冻胶的气体欠平衡钻井工艺，运用数值模拟方法分别研究了后置液与下方预交联液混合和预交联液与气体相界面迁移的过程，确定了预交联液不同密度、黏度的影响，为调配预交联液的物性以避免液体间的掺混和气窜提供了参考，同时，根据现场冻胶段塞尺寸对不同底部气体压力下的段塞成型进行了数值模拟。开展了气体欠平衡钻井冻胶成型实验，研究了钻杆上提和底部气体上升对预交联液成胶质量的影响，测试了段塞的抗压强度，确认增大前置液高密度和注入量对克服底部气体上窜影响的有效性，为冻胶阀气体欠平衡钻井工艺的制定提供依据。进行了冻胶悬空塞的前瞻性实验，提出在井底预垫前置液的段塞成型方法。

第5章 冻胶段塞的可穿透性研究

在"冻胶阀"的欠平衡完井阶段，下入的完井杆管柱需要穿透冻胶段塞以便在井筒内形成油气通道。杆柱对冻胶的穿透是一动态过程，冻胶–套管结构往往表现出与时间相关的力学响应，具有不同于静态响应的特点。在穿透过程中，杆柱与冻胶的相互作用力除了与冻胶和胶结界面的性能有关外，还受下入杆柱的运动速度、杆径、冻胶长度等因素影响。通过开展杆柱对冻胶段塞的穿透实验，确定穿透形变和作用力，分析杆柱速度、杆径、冻胶长度等因素的影响，进而揭示杆柱对段塞的穿透规律，将为冻胶阀的完井、修井工艺设计提供科学依据。

5.1 杆柱穿透冻胶段塞的实验研究

5.1.1 实验方案

在套管中形成一段冻胶段塞，并固定在支座上，通过伺服电机带动螺杆使横梁和杆柱一起向下运动（图5.1），测量杆柱向下恒速穿过一定长度冻胶的作用

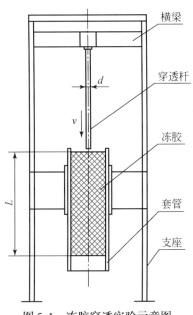

图 5.1 冻胶穿透实验示意图

力。改变穿透速度 v、杆径 d 和冻胶长度 L，确定冻胶段塞在不同情况下的可穿
透性和所需的最大作用力。

5.1.2　实验装置

套管内外径分别为 84.5mm、95mm，冻胶长度 $L = 50 \sim 300$mm，平端面杆柱
的直径 d 有 13.5mm、20mm、25mm、30mm 等 4 种规格，最大穿透速度 $v =$
1000mm/min，杆柱通过三爪卡盘与横梁上的拉压力传感器连接固定（图5.2）。

图 5.2　冻胶穿透实验装置

5.1.3　实验结果

杆柱（$d = 13.5$mm）恒速（$v = 1000$mm/min）穿过冻胶段塞（$L = 300$mm）
的过程如图5.3所示。当平端面杆柱恒速向下运动时，冻胶发生凹进变形但不破
裂，上表面处于张紧拉伸状态（图5.3a）。随着杆柱的下移，冻胶表面的中心区
域进一步下凹，引起周围胶体向中间移动，造成对周围胶结界面的撕扯作用，出
现部分脱胶（图5.3b、图5.3c）。当杆柱顶破冻胶表面时，在胶体内部产生了裂
纹，并随着杆柱的深入不断扩展，最终段塞被穿透。由图5.3（d）可看出，上
提杆柱后，胶体内部发生弹性回复，穿孔缩小。

(a)中心凹陷 (b)向中心聚集

(c)完全凹入 (d)上提杆柱后回弹

图5.3　杆柱穿透冻胶段塞过程（$H=100$mm）

图5.4所示为杆柱穿透过程的作用力–位移曲线，可以看出，在冻胶表面被杆柱压入的弹性变形阶段，作用力随下入的位移近似成二次方增大，当杆柱穿破胶体表面后，杆柱作用力急剧下降，随后杆柱处于稳定穿入过程。在这个阶段，胶体向上回弹产生阻力，胶粘摩擦力随下入深度增加，因此，杆柱作用力不断增大，之后因为胶体回弹减缓及未穿破的冻胶长度缩短造成的刚度下降，作用力上升速度减慢，曲线变得平缓。

通过以上分析可以看出，穿透作用力曲线主要由冻胶弹性变形的上升段、表面被穿破后的急剧下降段和杆柱的稳定穿入段组成，其中，表面被穿破前的最大载荷和穿破后的最小载荷以及稳定穿入的载荷变化率是确定杆柱穿透段塞动态力学行为的关键，需要进一步研究冻胶长度、穿透速度和杆柱直径等参数的影响，从而确定冻胶段塞的穿透规律。

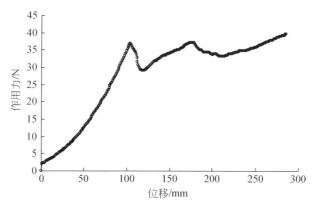

图 5.4　穿透作用力–位移曲线（$H = 100\text{mm}$）

5.2　影响穿透作用力的因素分析

5.2.1　冻胶长度的影响

在一定条件（杆柱直径 13.5mm，速度 1000mm/min）下，进行不同长度冻胶段塞的穿透实验，有以下基本相同的实验现象：穿透过程中段塞与套管无整体滑移，胶结上表面破裂或脱胶，上提杆柱后，穿孔弹性收缩成狭缝。实验中不同之处在于：穿透过程中，长度 50mm 的冻胶表面与套管胶结良好，而段塞的上、下中心区域都被冲掉一柱状胶体，杆柱上提后，各留下一直径 3.2cm、深约 5.8cm 的沉孔（图 5.5），原因是在冲击区域周围形成了高剪应力区，较短的冻胶段塞对杆柱冲击的缓冲作用较小，容易导致胶体断裂。

(a)表面凹进变形

(b)表面破裂后回弹

(c)上表面冲孔　　　　　　　　　　　　　　(d)下表面冲孔

图 5.5　杆柱穿透冻胶段塞过程（$H=50$mm）

不同长度冻胶的穿透作用力-位移曲线如图 5.6 所示。

由图 5.6 可看出，冻胶段塞长度大于 100mm 后，穿透力曲线的变化趋势基本一致，主要经历"上升-下降-上升"三个阶段。当杆柱冲破段塞的下端面时，所受阻力再次陡然下降，在穿过后，杆柱受段塞胶黏阻力和动摩擦力作用，作用力趋于平缓（图 5.6 的 $L=100$mm）。

图 5.7 所示为杆柱穿破不同长度段塞上表面时的作用力及下行位移。由图可见，段塞长度为 50mm 时，冲破表面的作用力仅需 23.7N，而长度超过 100mm 后，作用力增大且比较稳定，平均约 36.8N。另外，图 5.6 中长度为 50mm 和 150mm 的作用力曲线向左偏移，表明胶体表面在较小的杆柱位移下出现破裂。这是由于套管内壁面不同程度的氧化、铁离子侵入导致不同样品的胶结质量有所不同，影响了杆柱下入时冻胶上表面的弹性变形量。当胶体与套管内壁面的胶结作

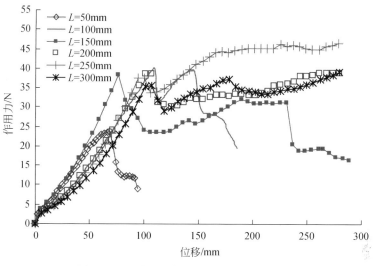

图 5.6　不同长度冻胶的作用力–位移曲线

用较强时，冻胶表面下凹变形中受到四周壁面的约束作用就越大，而表面就越容易被杆柱冲破。

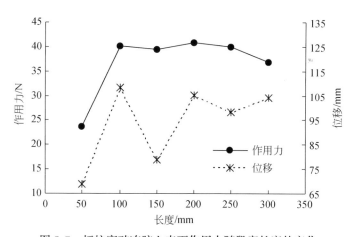

图 5.7　杆柱穿破冻胶上表面作用力随段塞长度的变化

5.2.2　穿透速度的影响

　　杆柱直径为 13.5mm、冻胶长度等于 100mm 时，穿透作用力随速度的变化如图 5.8 所示。由图可见，杆柱下入速度越快，穿破冻胶表面所需的作用力越大，在稳定穿入过程中的作用力也显著提高。由图 5.9 可见，杆柱穿破冻胶表面的作用力与杆柱速度近似成线性关系。

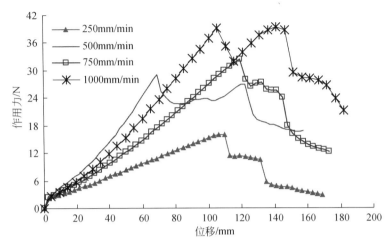

图5.8　不同穿透速度下的作用力-位移曲线

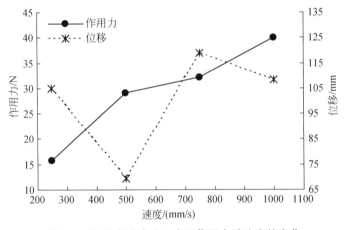

图5.9　杆柱穿破冻胶上表面作用力随速度的变化

5.2.3　杆柱直径的影响

当 $v=1000\text{mm/min}$、$L=150\text{mm}$ 时,不同直径杆柱的穿透作用力如图5.10所示。可以看出,随着杆柱直径的增大,穿破冻胶表面所需的作用力增加,当杆柱直径小于20mm时,作用力变化较小,而超过20mm后作用力基本按线性增大(图5.11)。

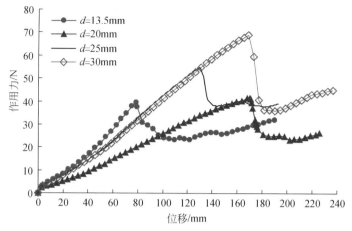

图 5.10 不同杆柱的作用力–位移曲线

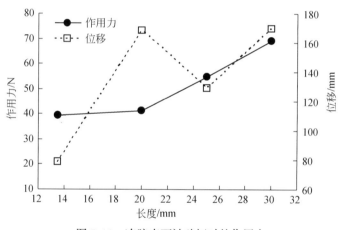

图 5.11 冻胶表面被破坏时的作用力

5.3 穿透作用力计算和实验验证

5.3.1 穿透段塞所需作用力

杆柱穿透一定配方冻胶段塞所需的最小作用力与段塞长度、穿透速度、杆柱直径有关，分析段塞的可穿透性需要建立杆柱作用力与这些因素的关系模型，其关键是确定穿破冻胶表面所需载荷、穿破后的最小载荷和稳定穿入过程的载荷变化率。

（1）穿破冻胶表面所需载荷及穿破后的下降载荷

通过不同长度冻胶、不同穿透速度、不同直径杆柱的穿透实验，可以近似确定杆柱穿破段塞表面所需的作用力 F_0。

根据不同长度冻胶的穿透实验结果可知，当 $v=1000\mathrm{mm/min}$、杆管直径比 $d/D=\dfrac{13.5}{84.5}\approx0.16$、长径比 $L/D\geq\dfrac{100}{84.5}\approx1.2$ 时，$F_{01}\approx36.8\mathrm{N}$。

改变穿透速度，作用力随着速度的提高近似按线性增大。拟合图 5.9 中的作用力曲线（$L/D\approx1.2$），确定不同速度下的表面穿破作用力 F_{02}，有

$$F_{02}=0.0303v+10.415 \tag{5.1}$$

对于不同直径的穿透杆，当杆管直径比 d/D 小于 $20/84.5=0.24$ 时，作用力变化较小，因此，近似认为作用力不变，并用 F_{03} 表示不同杆柱穿破冻胶表面的作用力，结合式（5.1），有

$$F_{03}=F_{02}=0.0303v+10.415 \tag{5.2}$$

当 $d/D>0.24$ 时，F_{03} 与杆管直径比近似成线性关系。拟合图 5.11 中的相应曲线段，有

$$F_{03}-F_{02}=233.05\ (d/D-0.24) \tag{5.3}$$

将式（5.1）代入上式，整理得

$$F_{03}=233.05d/D+0.03v-45.44 \tag{5.4}$$

因此，杆柱（$L/D\geq1.2$）穿破冻胶表面的作用力根据式（5.2）和式（5.4）进行确定。

冻胶表面被穿破后，杆柱作用力急剧下降，根据不同段塞长度、穿透速度和杆柱直径的实验结果，确定最小载荷与穿破作用力的比值（图 5.12）。

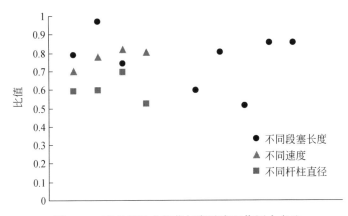

图 5.12　穿破后最小载荷与穿破表面作用力之比

由图 5.12 可见，比值处于 0.52 ~ 0.97 范围内，其中，0.6 ~ 0.85 为集中分布区间。因此，杆柱穿破冻胶表面后的最小作用力 F_d' 可按下式近似计算，即

$$F_d' = （0.6 ~ 0.85）F_0 \tag{5.5}$$

（2）稳定穿入过程的载荷变化率

杆柱在恒速穿入过程中的受力如图 5.13 所示。

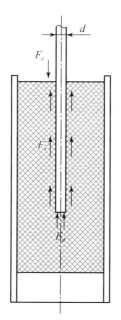

图 5.13　穿入过程杆柱的受力示意图

段塞对杆柱的作用力 F_c 大小等于杆柱端面和圆柱面受到的阻力之和：

$$F_c = F_d + F_\tau \tag{5.6}$$

式中，F_d 为冻胶对杆柱端面的作用力，近似等于杆柱穿破冻胶表面后急剧下降的最小载荷，按式（5.5）近似计算，则

$$F_d = F_d' \tag{5.7}$$

F_τ 为冻胶对杆柱圆柱面的作用力，有

$$F_\tau = \pi dl\tau_p \tag{5.8}$$

式中，τ_p 为冻胶对杆柱穿过时的平均切向力；l 为杆柱穿破冻胶表面后继续下入的位移。

将式（5.7）和式（5.8）代入式（5.6），得

$$F_c = F_d + \pi dl\tau_p \tag{5.9}$$

则

$$\frac{dF_c}{dl} = \pi d\tau_p \tag{5.10}$$

或

$$\tau_p = \frac{dF_c}{dl} \frac{1}{\pi d} \tag{5.11}$$

为了确定 τ_p，根据长 250mm、300mm 的段塞实验结果进行整理，以减小段塞较短时底部效应对稳定穿入载荷的影响。

$$\left(\frac{dF_c}{dl}\right)_{L=250} = \frac{47.982 - 46.1892}{203.424 - 188.169} = 0.117 \text{N/mm}$$

$$\left(\frac{dF_c}{dl}\right)_{L=300} = \frac{36.029 - 33.383}{166.123 - 142.390} = 0.111 \text{N/mm}$$

可以看出，两计算值比较接近。这里取平均值 0.114N/mm 代入式（5.11），有

$$\tau_p = \frac{dF_c}{dl} \frac{1}{\pi d} = \frac{0.114}{3.14 \times 13.5} = 0.002689 \text{MPa}$$

于是，式（5.9）可表示为

$$\begin{aligned} F_c &= F_d + 2.689 \times 10^{-3} \pi dl \\ &= (0.6 \sim 0.85) \, F_0 + 2.689 \times 10^{-3} \pi dl \end{aligned} \tag{5.12}$$

各载荷计算式汇总如表 5.1 所示。

表 5.1　穿透冻胶段塞的相关载荷计算式

穿透过程 d/D	穿破冻胶表面	稳定穿入过程
≤0.24	$F_0 = 0.0303v + 10.415$	$F_c = (0.6 \sim 0.85) \, F_0 + 2.689 \times 10^{-3} \pi dl$
>0.24	$F_0 = 233.05d/D + 0.03v - 45.44$	

注：F_0—N；v—mm/min；d—mm；D—mm；l—mm。

5.3.2　实验验证

以上基于段塞的穿透实验建立了杆柱穿透作用力计算式，为了验证该式对较大直径长段塞的适用性，开展了钻杆以一定速度冲击段塞的动态实验。

实验装置（吐哈油田工程院）如图 5.14 所示，由可视化模拟井筒、预交联液泵注系统、加热调控系统、钻杆、加重快、下入控制装置组成。钻杆上端连接钢丝绳，通过地面的卷扬机控制杆柱上提和下放。

基本参数：模拟井筒内径 $D = 160$mm、高 3m，段塞长 2m，钻杆直径 d 为 73mm，重量 43kg，下端焊接平面堵头，下放速度 0.1m/s。实验现象为：

1）钻杆无配重时，依靠自重冲击冻胶段塞，钻杆下入冻胶表面以下约 0.43m 后保持静止。

2）钻杆顶部固定一加重块 40kg 时，钻杆下入冻胶内约 1.42m 后保持静止。

3）加重块达到 80kg 时，钻杆顺利穿过段塞，同时，井筒底部有少量胶体团被挤出。

图 5.14　钻杆穿透段塞实验装置

假设钻杆以恒定的速度 0.1m/s 穿入段塞，根据表 5.1 的公式计算出钻杆穿破冻胶表面的作用力为 6.21kg，对应钻杆的三次下入深度，钻杆作用力计算结果如图 5.15 所示。

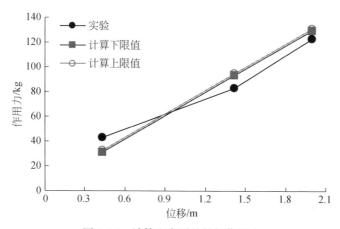

图 5.15　计算和实测的钻杆作用力

由图 5.15 可见，计算载荷与实验结果比较接近，当钻杆依靠自重下入时，在段塞内部的最大位移为 0.43m，对应的作用力计算值略小于实验值，主要是因为杆柱下入过程中由于偏心引起杆柱与套管内壁面接触，导致钻杆对段塞的实际作用力减小，而计算时没有考虑偏心和摩擦的影响。当钻杆增加一定配重后，偏心程度大大降低，有效避免了杆管摩擦，此时实验值略小于计算值，其原因是计算时没有考虑冲击过程钻杆速度的逐渐降低，按初始速度计算的结果偏于保守。

5.4　冻胶自愈合能力评价

5.4.1　不同长度段塞的穿透作用力

在一定条件（杆柱直径 13.5mm，速度 1000mm/min）下，添加纤维素前后的段塞穿透力如图 5.16 所示。由图可见，添加纤维素后，冻胶的韧性增强，表面被穿破前的变形量增大，使得作用力曲线右移，且长度为 100mm、300mm 时，杆柱的穿破作用力明显下降。

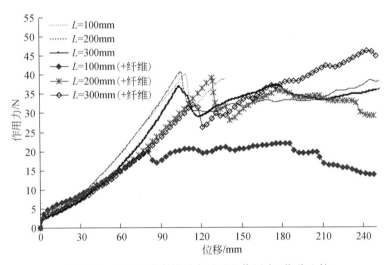

图 5.16　添加纤维素前后穿透过程作用力–位移比较

5.4.2　多次穿透时作用力变化

杆柱穿透冻胶段塞后上提并重复下入，经过 3 次穿透后，冻胶段塞仍保持较好的弹性回复，使穿透孔道基本处于"闭合状态"（图 5.17）。由于杆柱下入过程的冲击作用和多次上提对表面的黏附剪切作用，冻胶上表面出现"凹坑"及破裂（图 5.17a），添加纤维素后，冻胶的黏性和韧性增强，呈现"糊状"，且在杆柱表面黏附有小团胶体（图 5.17b）。可以看出，添加纤维素后，胶体与运动杆柱间的接触和相互作用增强，杆柱上提后表现出一定的"自愈合"性，有望实现段塞与下入杆柱或井下工具之间的动密封。

(a)添加纤维素前　　　　　　　　　　　　(b)添加纤维素后

图 5.17　管柱多次穿透和上提后的冻胶表面

图 5.18 所示为杆柱重复穿透长 300mm 冻胶段塞时的作用力。由图可见，在第 2 次、第 3 次穿透时，杆柱作用力主要克服穿透过程的摩擦阻力，与位移近似成线性关系。随着穿透次数的增加，通孔周围胶体发生部分脱落及弹性减弱，导

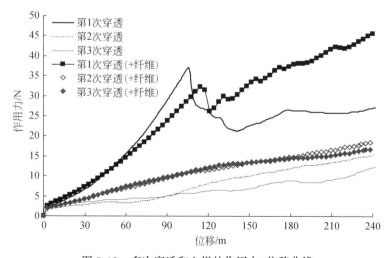

图 5.18　多次穿透和上提的作用力–位移曲线

致第 3 次的穿透阻力明显小于第 2 次的，但是，对于纤维素增韧后的段塞，两次穿透的作用力曲线基本重合，在多次穿透中保持良好的完整性和稳定性。

5.5　小　　结

本章开展冻胶段塞的可穿透性实验，研究了杆柱直径大小、穿透速度及段塞长度等因素对穿透作用力的影响，为完井管柱穿透作业和机械破胶方案的确定提供基础。有以下认识：

1）杆柱在穿透段塞的过程中，作用力经历几个不同的变化阶段：冻胶上表面被穿破前，作用力随变形的增加近似按线性增大；当杆柱穿破时，作用力急剧下降，有较大的界面效应；在杆柱稳定穿入过程中，阻力不断增大；

2）针对杆柱穿破冻胶表面和稳定穿入的两个过程，分别建立载荷计算模型，并通过实验验证，计算结果与实验结果基本一致。

3）研究了纤维素对段塞可穿透性的影响，结果表明：添加纤维素后冻胶的韧性增强，在表面被杆柱穿破前有更大的变形；当长度为 100mm、300mm 时，杆柱穿破作用力明显减小；段塞在多次穿透过程中具有更好的稳定性，有望在杆柱下入过程中实现动密封。

第6章 冻胶阀技术应用

吐哈油田运用冻胶阀技术在 12 口井中进行了欠平衡钻完井作业（表6.1）和 5 口井的修井作业，最高地层压力系数 1.47，最长段长 350m，施工成功率达到 100%。长江大学针对高压油气井研制的高强度冻胶，也分别在隆页气井、天津大港油田、新疆油田进行不压井作业，达到了预期效果。

表6.1 冻胶阀应用统计表

井号	区块	完钻井深 /m	地层压力系数	区块平均气油比/(m³/m³)	长度 /m	备注
鸭 940	玉门	2919	0.822	20	240	直井、油井
牛东 8-12	吐哈	1850	1.04	36	230	直井、油井
青西 2-10	玉门	4902	1.15	28	352	直井、油井
马 207	吐哈	795	0.7	0	200	直井、油井
牛东 89-912	吐哈	1710	0.65	38	300	直井、油井
滴西 HW141	新疆油田	4865	1.33	气井	300	水平井、气井
滴西 1812	新疆油田	3718	1.19	气井	300	直井、气井
滴西 1806	新疆油田	3690	1.19	气井	300	直井、气井
柳 108	玉门	3450	1.15	油井	260	直井、油井
柯 21-2	吐哈	3698	1.15	气井	300	直井、气井
龙潜 009-H2	西南油气田	3780	1.47	气井	280	水平井、气井
胜北 3-33	吐哈	2991	0.85	气井	150	直井、气井

6.1 冻胶阀在欠平衡钻完井中的应用

6.1.1 克拉美丽气田滴西 HW141、1812、1806 井（采用低压冻胶阀）

新疆油田准噶尔盆地克拉美丽气田滴西 14.18 井区，滴西 HW141、滴西 1812、滴西 1806 井三口采用冻胶阀欠平衡完井技术收到良好效果。滴西 14.18 井区位于准噶尔盆地腹部陆梁隆起东南部的滴南凸起西端，开发的主要层位是克拉美丽气田石炭系气藏，平均井深为 3700m（垂深），地层压力系数 1.33，采用裸眼完井。

由于该气井底层压力较高，因此采用冻胶阀和泥浆组合方式，其中，冻胶为耐低压可自降解的冻胶体系。

1. 工艺设计要点

1）冻胶阀位置：2700～3000m；

2）冻胶阀长度：260～300m；

3）设计总注入量：11m³；

4）注入方式：钻杆注入；

5）基液与交联剂混合比：4∶1；

6）上部重泥浆：4m³。

2. 施工过程

预交联液成胶后，在起钻杆、更换井口、下生产油管过程中观察井口套压始终为0，说明此时冻胶阀已经起到密封油气的作用。

冻胶阀可降解自破，自破胶时间为12～15天。如要提前破胶需加入破胶剂进行破胶返排，从2009年11月5日注入冻胶阀到11月18日返排，冻胶阀注入井筒内的时间为13天。破胶返排作业过程中，正循环注水试压8MPa，此时泥浆连续快速流出，4小时后冻胶阀残液全部被排出井筒，如图6.1所示。

图 6.1　破胶返排情况

3. 应用效果

三口井平均日产气量在12万 m³ 以上，高于整体区块平均产气量，如图6.2

所示。

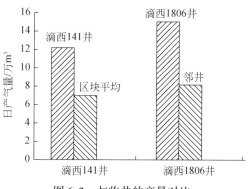

图 6.2 与临井的产量对比

6.1.2 柯 21-2 井（采用高压冻胶阀）

柯 21-2 井地层压力系数 1.15。该井位于吐哈盆地吐鲁番坳陷台北凹陷柯柯亚构造带柯 19 块，该构造带已相继在 Esh、J_2q、J_2s、J_2x、T 获得油气，发现了鄯善、丘陵和巴喀等油气田。柯 21-2 井完钻井深 3698m，泥浆比重 1.08，泥浆泵排量 720L/min，氮气排量 40m³/min。该井刚钻开储层时油气产出良好，点火高度达到 10m 以上。

由于该气井底层压力较高，因此采用高压冻胶阀和泥浆的组合方式。

1. 工艺设计要点

1）冻胶阀位置：2700～3000m；

2）冻胶阀长度：300m；

3）设计总注入量：6m³；

4）注入方式：钻杆注入；

5）基液与交联剂混合比：4∶1；

6）上部重泥浆：7.8m³。

2. 施工过程

预交联液成胶后，在起钻杆时观察井口套压始终为 0，说明冻胶阀已有效封隔了井底油气，随后进行了下筛管、下生产管柱、拆钻井井口、安装采气树等作业，时间共计 98 小时，井口全程无溢流。

下打孔管时，从下到上的管串结构为：引鞋+筛管+悬挂器+单流阀+钻杆。引鞋触冻胶阀顶面时，压力瞬间减小 2T（由 39T 下降至 37T），随后在整个筛管进入冻胶阀后，悬重变化很平稳，与在泥浆中下行的悬重基本一致，维持在 39～40T。当筛管继续下行时，环空不断返液，每下一柱环空返出约 185L，和钻杆体积基本一致（图 6.3），且井口压力始终为 0。

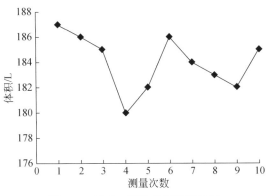

图 6.3　每下一管柱的泥浆返排量

3. 应用效果

在整个下筛管过程中，管柱穿透对冻胶阀的气密封能力无较大影响，而且井筒的泥浆能够顺利的返出，不会被挤入地层造成伤害。

施工采用注破胶剂气举返排（图 6.4），从油管中注气。冻胶阀残物伴随泥浆从环空流出，排入泥浆池，流量稳定。在之后的 4 小时中，出口处无气体溢出，且液体排量越来越大，气举的最高压力 20.5MPa，举穿压力 12MPa，气举完成后，冻胶阀破胶残液全部排出井筒。

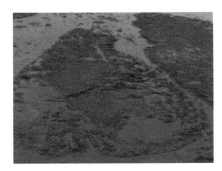

图 6.4　破胶残液气举返排

柯 21-2 井在三开刚刚打开储层的时候油气产出良好，全烃含量达到 99%，一次性点火成功，火焰高度达到 10m 以上，如图 6.5 所示。实施冻胶阀完井作业后，在保证井口安全的前提下能有效保护储层，当生产油管下入预定位置后，用防喷管线一次性点火成功，火焰高度也达到了 10m，如图 6.6 所示。

图 6.5 钻井过程点火情况   图 6.6 完井后点火情况

预交联液成胶后进行了下筛管、下生产管柱、拆钻井井口、安装采气树等作业共计 98 小时，井口始终无溢流现象，且破胶返排后放喷管线火焰高度与钻井过程中的相当，表明冻胶阀有效保护了储层，该井日产气 1.7 万 m³，日产油 2m³。

6.1.3 龙浅 009-H2 井

龙浅 009-H2 井是中国石油天然气集团公司重大专项 "四川盆地侏罗系非常规石油勘探开发关键技术研究" 部署在龙岗构造的一口原油开发重点井，目的层为大安寨段的上部厚灰岩油层，拟在目的层采用欠平衡钻井技术+白油基钻井液+旋转导向钻井技术进行水平段钻进，达到储层保护和提高单井产量的目的。但是，前期钻进过程中漏失泥浆 350m³，水平段钻完后斯伦贝谢地质导向工具不能顺利起出，不能实现安全起钻与完井，因此，冻胶阀的作业目的就是实现该井的安全起钻与完井，顺利起出斯伦贝谢地质导向工具。

1. 井况

龙浅 009-H2 井是一口原油开发重点井，实际完钻垂深 3006m、斜深 3706m，基本井况参数如图 6.7 所示。目的层是大安寨段大一亚段上部厚灰岩油层，采用精细控压钻井技术+白油基钻井液欠平衡钻井技术+地质导向钻井技术。钻井过程中实测地层压力系数为 1.47，漏失压力系数 1.48，基本没有钻井液安全密度窗口，钻井过程中溢、漏复杂交替出现，喷、漏同存，累计漏失泥浆 350m³。火焰高度15~18m，个别时段达到40m（图6.8）。

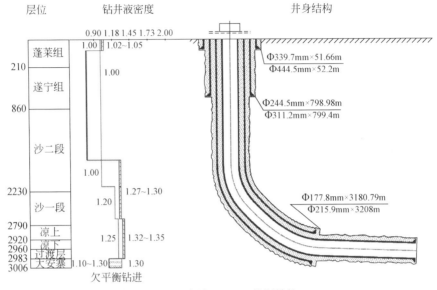

图6.7 龙浅009-H2井深结构

图6.8 放喷后火焰

2. 工艺设计要点

1）冻胶阀产品选择：GDC-4；

2）冻胶阀位置：2870~3170m（图6.9）；

3）冻胶阀长度：300m；

4）注入方式：钻杆正循环；

5）注入压力：小于 35MPa；

6）破胶返排：连续油管喷射破胶剂+正循环返排。

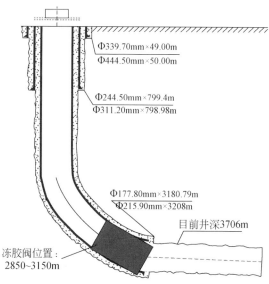

图 6.9 冻胶阀位置示意图

3. 施工过程

具体工艺流程如图 6.10 所示。

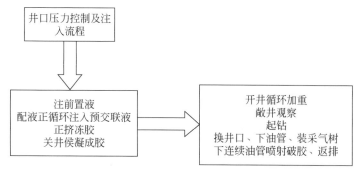

图 6.10 工艺流程图

关井过程中套压随时间变化如图 6.11 所示，可以看出，套压逐渐稳定。

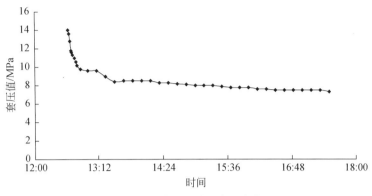

图 6.11　关井后井口套压变化

4. 应用效果

1) 龙浅 009-H2 井冻胶阀封井 122 小时, 成功解决了窄密度窗口 (又喷又漏) 井的安全起钻及欠平衡完井问题。具体时间如表 6.2 所示。

表 6.2　冻胶阀密封井筒时间

观察	48h
起钻	8h
冷冻井口	20h
拆换井口	5.5h
下油管	10.5h
拆井口	4h
安装采气井口	8h

2) 在 7 寸套管中, 冻胶阀静态抗压强度约为 4~4.2MPa。具体计算如下: 注胶完成后, 井口稳定压力: 7.5MPa; 冻胶阀上部泥浆压力: 40.769MPa; 地层压力: 44.1882 MPa; 分析压力系统可得, 冻胶阀承受向下的正压差为 7.5+39.319+1.45−44.1882≈4.1MPa。

6.1.4　胜北 3-33 井

在保证井口安全及保护储层的前提下, 胜北 3-33 井采用冻胶阀进行筛管完井。

1. 井况

胜北 3-33 井的钻井目的是落实胜北 3 块侏罗系喀拉扎组气藏构造、加深气藏认识，为产能建设做准备，同时兼顾白垩系油藏开发需求。该井是一口采气直井，井身结构如图 6.12 所示，相关参数如表 6.3 ~ 表 6.5 所示。三开采用充气泥浆欠平衡钻井，完井采用打孔管完井。

表 6.3　胜北 3-33 井基础数据

完钻井深	2991m	油层位置	2967 ~ 2991m
技套位置	2940.5m	地层压力系数	0.85（估算）
充气泥浆密度	0.753g/cm³	地温梯度	2.70 ~ 2.72℃/100m

表 6.4　胜北 3-33 井钻井参数

次序	井深/m	钻头尺寸/mm	套管尺寸/mm	下入层位	深度/m	返深/m
1	400	Φ375	Φ273	Q	400	0
2	2960	Φ241	Φ177.8	J_3k	2940	0
3	2991	Φ152.4	Φ127	J_3k	2920 ~ 2995	—

表 6.5　胜北 3-33 井地层压力预测表

层位	井段	地层中部压力预测	
		压力/MPa	压力系数
$Q+N_2p$	0 ~ 1116	3.34	1.0
N_1t	1116 ~ 1366	10.10	1.0
Esh	1366 ~ 1701	15.20	1.0
K_1s	1701 ~ 1849	13.04 ~ 13.21	0.74 ~ 0.75
J_3k	1849 ~ 3050	25.3	0.85

2. 工艺设计要点

冻胶阀产品：GDC-2；前置液：1m³；冻胶阀底部位置：2100m（图 6.13）；冻胶阀长度：150m；注入排量：水泥车最大排量；顶替液：与预交联液配伍性较好的溶液 3m³+清水 4.5m³。

3. 应用效果

筛管顺利下入到预定位置，顺利实施更换井口、下入生产油管、安装采气树等作业，该井投产后日产气 9000m³/天，油 8m³/天。

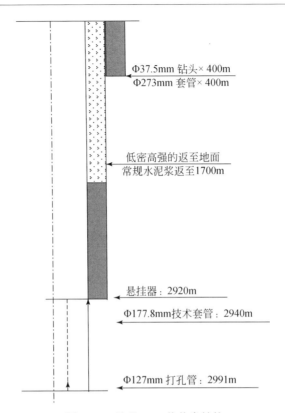

图 6.12 胜北 3-33 井井身结构

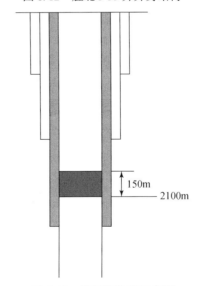

图 6.13 冻胶阀位置示意图

6.2 冻胶阀在堵水中的作用

鲁平 5 井是部署鲁 2 块上的一口水平井（图 6.14）。该井于 2008 年 3 月 15 日开钻，2008 年 4 月 2 日完钻，2008 年 4 月 7 日完井，完钻井深 2691.0m。完钻层位三叠系克拉玛依组（T$_2$K）。目前日产液 27.84m³/d，日产油 2.59t/d，含水 90%。分析认为是管外窜造成高含水，水层底部有 12.79m 没有固井，造成管外窜槽，现要求对 2449.0m 井段以上封堵水。故采用冻胶阀技术对水层井段 2376.8~2407.9m 进行暂堵施工。

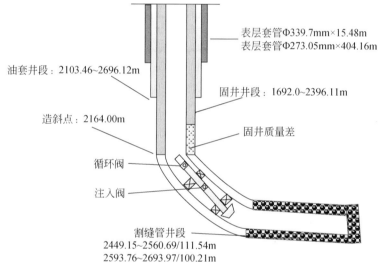

表层套管 Φ339.7mm×15.48m
表层套管 Φ273.05mm×404.16m

油套井段：2103.46~2696.12m

固井井段：1692.0~2396.11m

造斜点：2164.00m

固井质量差

循环阀

注入阀

割缝管井段
2449.15~2560.69/111.54m
2593.76~2693.97/100.21m

图 6.14 鲁平 5 井井身结构

在挤水泥封堵管外窜槽过程中，为了保护水平段，采用冻胶阀作为暂堵剂封堵水平段油层。对 2418~2420m、2442~2444m 井段射孔、注冻胶阀后，下挤封管柱吸水，耐压 15MPa 无吸水量，说明暂堵有效，保证了后续堵水作业的正常进行。

6.3 冻胶阀在不压井作业中的应用

6.3.1 神 8-10 井

1. 施工目的

该井工况异常需检泵恢复生产，运用冻胶阀实现不压井情况下的检泵作业，并保护储层。

检泵作业前在射孔上部用冻胶阀隔离井筒，防止上部的压井液漏失浸入储层而造成伤害，同时密封底部油气保证检泵作业的安全实施。

2. 井况

神泉侏罗系油藏原始地层压力为 27.8MPa，压力系数为 1.1。目前该区块衰竭式开发，该井累计采油 4047t，预测地层压力系数 0.9。神 8-10 井是神泉油田侏罗系气藏的一口开发井，井型为定向井，井身结构和井内管柱结构分别如表 6.6 和表 6.7 所示。

表 6.6　神 8-10 井井身结构图

钻头程序：Φ374.70mm×603.00m		补心海拔：5.18m
Φ215.90mm×2670.00m		联入：2.50m
表层套管：Φ273.05mm×602.84m		造斜点井深：1850.00m
油层套管：Φ139.70mm×2669.34m		井底水平位移：350.3m
阻位：2657.90m		总方位：249.85°
水泥返深：646.76m		人工井底：2644.00m

表 6.7　神 8-10 井井内杆柱结构

管柱示意图	名称	规格/mm	数量	长度/m	深度/m
	油补距			1.92	
	管挂	Φ73（加）	1 个	0.34	
	油管	Φ73（加）	239 根	2297.76	
	泵座	Φ93（加×平）	1 个	0.39	2300.41
	油管	Φ73（平）	2 根	18.05	
	气锚	Φ109	1 根	8.43	
	油管	Φ73（平）	2 根	18.43	
	导锥	Φ89（平）	1 个	0.13	2345.45
	人工井底：2647.29m				

3. 工艺设计要点

1）冻胶段塞位置及长度：依据冻胶密封性能，考虑神8-10井的地层压力系数0.9和地层温度等因素影响，设计冻胶阀位置为2318～2470mm，长度为152m，用量为1.8m³（图6.15）。

2）冻胶段塞实测抗压强度5MPa/100m，计算除去上下两端混浆段冻胶的实际抗压强度为4MPa/100m。所以，150m长的智能胶塞抗压强度为6MPa。

3）预交联液注入排量及压力：设计注入排量800～1000L/min，结合井口限压，设计冻胶段塞的最大注入压力20MPa。

4）破胶返排：自破胶机抽返排。

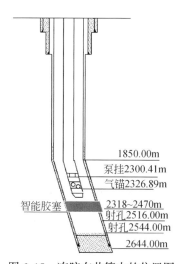

图6.15 冻胶在井筒中的位置图

4. 施工过程

按设计量配液1.8m³，反循环泵注预交联液，然后顶替、反挤预交联液底部位置至2470m，关井成胶，停泵压力32MPa。4h后开井验封，油套压均落零。

5. 应用效果

冻胶阀成功封堵8-10井的储层段，密封底部油气并封隔上部压井液防止漏失，有效的保护储层，最终实现不压井作业。

6.3.2 肯基亚克8017井

1. 井况

8017井是哈萨克斯坦肯基亚克一口高含硫高产油井（图6.16），高含硫化氢3%，气体严重腐蚀技术套管致套管损坏，安全隐患巨大，决定采用冻胶阀技术保障井口安全以及保护储层。

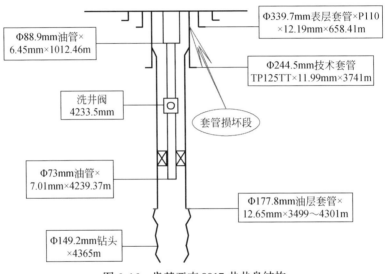

Φ88.9mm油管× 6.45mm×1012.46m

Φ339.7mm表层套管×P110 ×12.19mm×658.41m

Φ244.5mm技术套管 TP125TT×11.99mm×3741m

洗井阀 4233.5mm

套管损坏段

Φ73mm油管× 7.01mm×4239.37m

Φ177.8mm油层套管× 12.65mm×3499～4301m

Φ149.2mm钻头 ×4365m

图6.16　肯基亚克8017井井身结构

2. 工艺设计要求

施工共分为六个阶段。第一阶段：190m³比重1.2的盐水反循环压井，油压5.5MPa，套压0.8MPa；第二阶段：正挤15m³比重1.2的盐水，油压0.5MPa，套压4MPa；第三阶段：正挤6m³冻胶阀，用盐水将其顶替至井底；第四阶段：反循环160m³比重为1.5的泥浆压井，油套压为0；第五阶段：起管柱；第六阶段：下管柱、注水泥塞。

3. 应用效果

该井作业结束后，产量恢复并超过300t/d，表明冻胶阀在压井过程中有效保护了油层。冻胶阀技术在8017井的成功应用，获国家安全生产科技成果二等奖。

6.3.3 隆页 1 井

该井前期采用连续油管多段压裂，需要取出可能腐蚀的连续油管完井管柱，恢复套管生产状态。因此，采用冻胶阀+机械段塞器封堵连续油管的方式带压作业。

1. 井况

隆页 1 井为三开井身结构，一开表层套管下至 1399.6m，封二叠系灰岩易漏层。二开在导眼井基础上，于小河坝组 2430.5m 侧钻，后钻至井深 2679m，下入 244.5mm 技术套管固井。三开钻至 4378m 完钻，套管下深 4370m，阻流环深度 4325m。测试层位为五峰–龙马溪组，测试井段 3002~4304.5m。

连续油管完井管柱结构从上到下依次为：连续油管悬挂器+连续油管+滚压式连接器+筛管（带封堵活塞）+压力计托筒+导引头（图 6.17）。

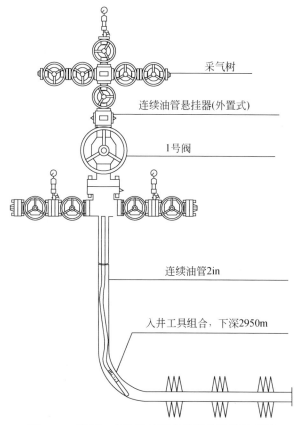

图 6.17 隆页 1 井连续油管完井管柱结构示意图

2. 施工方案

　　施工前进行室内实验，测试冻胶在温度 80℃、内径 Φ44mm 的连续油管中抗压强度和密封失效现象（图 6.18）。使用现场用过的一段连续油管进行段塞抗压实验，泵压达到一定值后，冻胶整体被水挤出，其表面黏附着大量泥浆、油污和碎石等杂物（图 6.19），测定抗压强度为 2.5MPa/10m。

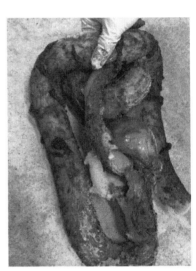

图 6.18　连续油管室内实验　　　　　　　图 6.19　整体挤出的冻胶段塞

　　施工方案为：

　　1）采气树试压后，为避免井内气体影响堵塞杆落入设计位置，要求在堵塞杆投入前向连续油管内注入一根油管容积的 CaCl$_2$ 溶液（比重 1.2 ~ 1.3g/cm^3）。

　　2）从清蜡阀投堵塞杆，并从采气树翼阀端连接地面泵送流程，泵注 1m^3 高黏度预交联液体后（交联液胶凝后为软固体，黏度达到 106mPa·s，无流动性），再用 CaCl$_2$ 溶液推进，确保管内封堵可靠。

　　3）堵塞杆坐封后，观察井口压力 4 ~ 8h，确认无压力变化后，进行下步施工。

3. 应用效果

　　该井注入预交联液后 12h，井口压力降至为 0，顺利起出受腐蚀的连续油管。

6.4　小　　结

本章介绍了冻胶阀分别在欠平衡钻完井、堵水、不压井作业中的应用实例，给出了典型井的井况、施工方案和效果。现场应用进一步验证了冻胶阀技术在油田诸多作业中的可行性和可靠性，而且，该技术具有保护储层、工艺简单、作业成本低等显著优点，应用前景广阔。

参 考 文 献

艾贵成，穆辉亮，王卫国，等．2009．小井眼欠平衡钻井液技术．西部探矿工程，3：82～85．

陈芳，杨立军，马平平，杨勇，胡军．2010．冻胶阀全过程欠平衡钻井技术在马207井的应用．
　　西部探矿工程，9：97～101．

戴彩丽，张贵才，赵福麟．2001．影响醛冻胶成冻因素的研究．油田化学，18（1）：24～26．

戴瑛，嵇醒．2007．界面端应力奇异性及界面应力分布规律研究．中国科学：物理学 力学 天文
　　学，37（4）：535～543．

邓晟，李会雄，陈听宽．2012．气液两相流界面迁移现象的Level Set数值模拟研究．空气动力
　　学学报，30（2）：157～162．

樊天朝，蒋鸿，马玉明，李俊德，杨丹．2009．三塘湖油田火山岩完井技术．中国石油学会第
　　六届青年学术年会．

封士彩．2004．磁流体与被密封液体相对运动速度对其界面稳定性影响的研究．徐州：中国矿
　　业大学博士学位论文．

高振环，周庆林．1990．多孔介质中冻胶强度测试方法的探讨．油田化学，3：240～243．

龚科家，危银涛，叶进雄．2009．填充橡胶超弹性本构参数试验与应用．工程力学，26（6）：
　　193～198．

郭宇健，李根生，宋先知，等．2011．基于赫巴流体的偏心环空波动压力数值模拟．钻井液与
　　完井液，28（2）：29～31．

何平笙．2008．高聚物的力学性能．合肥：中国科学技术大学出版社．

何平笙，杨海洋，朱平平．2006．橡胶高弹性大形变的唯象理论．化学通报，69（1）：
　　70～73．

胡时胜，王道荣．2002．冲击载荷下混凝土材料的动态本构关系．爆炸与冲击，22（3）：
　　242～246．

刘德基，廖锐全，张慢来，张俊．2013．冻胶阀技术及应用．钻采工艺，36（2）：28～33．

刘金武，龚金科，钟志华．2006．内燃机缸内复杂空间三维动态网格生成技术．计算机辅助设
　　计与图形学学报，18（4）：487～492．

罗立峰．2006．钢纤维增强聚合物改性混凝土的冲击性能．中国公路学报，19（5）：71～76．

孟益平，胡时胜．2003．混凝土材料冲击压缩试验中的一些问题．实验力学，18（1）：
　　108～112．

彭佩星，王保良，李海青．2007．基于ICA和ES-SVM的油气两相流空隙率测量．化工自动化
　　及仪表，34（4）：60～62．

沈雁鸣，陈坚强．2012．SPH方法对气液两相流自由界面运动的追踪模拟．空气动力学学报，
　　30（2）：157～161．

宋宏图．2005．高聚物共混体系细观结构与有效力学性能关系的研究．天津：天津大学博士学
　　位论文．

宋云超，王春海，宁智．2011．追踪不可压缩两相流相界面的CLSVOF方法．农业机械学报，
　　42（7）：26～31．

孙玉学, 李启明, 孔翠龙, 等. 2011. 基于卡森流体的水平井波动压力预测新方法. 钻井液与完井液, 28 (2): 29 ~ 31.

唐孝芬. 2004. 交联聚合物冻胶调堵剂性能评价指标及方法. 石油钻采工艺, 26 (2): 49 ~ 53.

汪海阁, 刘希圣, 董杰. 1996. 偏心环空中牛顿流体稳态波动压力近似解. 石油钻采工艺, 18 (2): 18 ~ 21.

汪海阁, 苏义脑, 刘希圣. 1998. 幂律流体偏心环空波动压力数值解. 石油学报, 19 (3): 104 ~ 109.

吴代华, 晏石林. 1989. 有拉-弯耦合效应时复合材料接头的胶层应力分析. 武汉工业大学学报, 11 (2): 233 ~ 242.

吴新杰, 石玉珠, 陈跃宁, 等. 2006. 独立成分分析在两相流速度测量中的应用. 仪器仪表学报, 27 (2): 115 ~ 17.

辛玉建. 2018-08-31. 石油工业用悬空打塞装置及方法. 中国专利: CN105822254A.

徐英, 胡红. 2007. 经编双轴向柔性复合材料的顶破性能. 东华大学学报 (自然科学版), 33 (4): 475 ~ 477.

许金泉, 金烈侯, 丁皓江. 1996. 双材料界面端附近的奇异应力场. 上海力学, 17: 104 ~ 110.

许燕斌, 王化祥, 崔自强. 2010. 水平管气水两相流分相界面识别. 天津大学学报, 43 (8): 743 ~ 748.

杨虎, 王利国. 2009. 欠平衡钻井基础理论与实践. 北京: 石油工业出版社.

杨挺青. 1983. 非线性黏弹本构理论的近期进展. 国外科技动态, 3: 21 ~ 25.

张克明, 曾权先, 赵前进, 杨勇. 2007. 鸭 940 井低压稠油油藏氮气钻井技术研究与试验. 第七届所长会议论文集 (五).

张颖, 刘彦锋, 李俊莉, 王晓晖, 任海晶, 陈强. 2018-09-14. 一种适用于连续油管作业注悬空水泥塞及其应用方法. 中国专利: 105715229A.

Agrawal D C, Raj R. 1989. Measurement of the ultimate shear strength of a metal-ceramic interface. Acta Metallurgica, 37 (4): 1265 ~ 1270.

Anifantis N K. 2000. Micromechanical stress analysis of closely packed fibrous composites. Compos. Sci. Technol., 60 (8): 1241 ~ 1248.

Bai B J, Liu Y Z, Coste J P, et al. 2007. Preformed particle gel for conformance control: transport mechanism through porous media. SPE Reservoir Evaluation & Engineering, 10 (2): 176 ~ 184.

Beda T. 2007. Modeling hyperelastic behavior of rubber: a novel invariant-based and a review of constitutive models. Journal of Polymer Science, 45 (13): 1713 ~ 1732.

Belingardi G, Goglio L, Rossetto M. 2005. Impact behavior of bonded built-up beams: experimental results. Int. J. Adhes Adhes, 25 (2): 173 ~ 180.

Bernstein B, Kearsley E A, Zapas L J. 2000. A study of stress relaxation with finite strain. Trans. Soc. Rheol., 7 (1): 391 ~ 410.

Beydon R, Bernhart G, Segui Y. 2000. Measurement of metallic coatings adhesion to fibre reinforced plastic materials. Surface and Coatings Technology, 126 (1): 39 ~ 47.

Bhargava J, Rhrnstrom A. 1977. Dynamic strength of polymer modified and fiber reinforced concrete.

Cement. Concr. Res. , 7 (2): 199~207.

Bogy D B. 1975. The plane solution for joined dissimilar elastic semistrips under tension. J. Appl. Mech. , 42: 93~98.

Brackbill J U, Kothe D B, Zemach C. 1992. A continuum method for modeling surface tension. J. Comput. Phys. , 100 (2): 335~354.

Bull S J, Berasetegui E G. 2006. An overview of the potential of quantitative coating adhesion measurement by scratch testing. Tribology and Interface Engineering, 39 (2): 99~114.

Burkhardt J A. 1961. Wellbore pressure surges produced by pipe movement. Journal of Petroleum Technology, 13 (6): 595~605.

Castanié B, Bouvet C, Aminanda Y, et al. 2008. Modeling of low-energy/low-velocity impact on Nomex honeycomb sandwich structures with metallic skins. Int. J. Impact Eng. , 35 (7): 620~634.

Chen B F, Hwang J, Yu G P, Huang J H. 1999. In situ observation of the cracking behavior of tin coating on 304 stainless steel subjected to tensile strain. Thin Solid Films, 352 (1-2): 173~178.

Chen C, Liu D J, Yin Y C. 2012. Application of smart packer technology in underbalanced completion. SPE155888.

Chen X H, Mai Y W. 1998. Micromechanics of rubber-toughened polymers, J. Mater. Sci. , 33 (14): 3529~3539.

Coleman B D, Noll W. 1961. Foundations of linear viscoelasticity. Rev. Mod. Phys. , 33 (2): 239~249.

Comninou M, Schmueser D. 1979. The interface crack in a combined tension-compression and shear field. Journal of Applied Mechanics, 46 (2): 345~348.

de Moura M F S F, Daniaud R, Magalhaes A G. 2006. Simulation of mechanical behaviour of composite bonded joints containing strip defects. Int. J. Adhes. , 26 (6): 464~473.

Diao D K, Koji K. 1994. Interface yield map of a hard coating under sliding contact. Thin Solid Films, 245 (1-2): 115~121.

Dundurs J. 1969. Discussion: Edge-bonded dissimilar orthogonal elastic wedges under normal and shear loading. J. Appl. Mech. , 36 (3): 650~652.

Era H, Otsubo F, Uchida T, Fukuda S, Kishitake K. 1998. A modified shear test for adhesion evaluation of thermal sprayed coating. Materials Science and Engineering A, 251 (1-2): 166~172.

Erdogan F. 1963. Stress Distribution in a Nonhomogeneous elastic plane with cracks. Transactions of the ASME, 30: 232~236.

Erlich D C, Shockey D A, Simons J W. 2003. Slow penetration of ballistic fabrics. Textile Research Journal, 73 (2): 179~184.

Etion I, Zimmels Y. 1986. A new hybird magnetic fluid seal for liquids. Lubrication Engineering, 42 (3): 170~173.

Eyring H. 1936. Viscosity, plasticity, and diffusion as examples of absolute reaction rates. J. Chem. Phys. , 4 (4): 283~292.

Ferry J D. 1980. Viscoelastic Properties of Polymers. 3th ed. New York: John Wiley.

Goglio L, Rossetto M. 2008. Impact rupture of structural adhesive joints under different stress combinations. Int. J. Impact. Eng. , 35 (7): 635 ~ 643.

Goland M, Reissner E. 1944. The stresses in cemented joints. Appl. Mech. , 66 (11): 17 ~ 27.

Green A E, Rivlin R S. 1957. The mechanics of non-linear materials with memory, Part I . Arch. Ration. Mech. Anal. , 4 (1): 1 ~ 21.

Guo S Q, Mumm D R, Karlsson A M, Kagawa Y. 2005. Measurement of interfacial shear mechanical properties in thermal barrier coating systems by a barb pullout method. Scripta Materialia, 53 (9): 1043 ~ 1048.

Gupta N K, Iqbal M A, Sekhon G S. 2007. Effect of projectile nose shape, impact velocity and target thickness on deformation behavior of aluminum plates. Int. J. Solids. Struct. , 44 (10): 3411 ~ 3439.

Haward R N, Thackray G. 1968. The use of a mathematical model to describe isothermal stress-strain curves in glassy thermoplastics. Proc. Roy. Soc. Lond. A, 302: 453 ~ 472.

Hutchinson J W, Mear M E, Rice J R. 1987. Crack paralleling an interface between dissimilar materials. Journal of Applied Mechanics Transactions ASME, 54 (4): 828 ~ 832.

Kinloch A J, Young R J. 1983. Fracture Behaviour of Polymers. London: Applied Science Publishers.

Larson R G. 1988. Constitutive Equstions for Polymer Mells and Solutions. Boston: Butterworths.

Laura R-Z, Manalo F, Kantzas A. 2008. Characterization of crosslinked gel kinetics and gel strength by use of NMR. SPE Reservoir Evaluation & Engineering, 11 (3): 439 ~ 453.

Luo Q T, Tong L Y. 2009. Analytical solutions for nonlinear analysis of composite single-lap adhesive joints. Int. J. Adhes. Adhes. , 29 (2): 144 ~ 154.

McGuirt C W, Lianis G. 1970. Constitutive equations for viscoelastic solids under finite uniaxial & biaxial deformations. Trans. Soc. Rhecl. , 14: 117 ~ 134.

Muller D, Cho Y R, Berg S, et al. 1996. Fracture mechanics tests for measuring the adhesion of magnetron sputtered tin coatings. International Journal of Refractory Metals & Hard Materials, 14: 207 ~ 211.

Ogden R W. 1978. Nearly isotropic elastic deformations: application to rubber-like solids. Journal of the Mechanics and Physics of Solids, 26 (1): 37 ~ 57.

Qi H F, Fbrnandes A, Pereira E, Gracio J. 1999. Evaluation of adherence of diamond coating by indentation method. Vacuum, 52 (1-2): 163 ~ 167.

Qi H F, Fernandes A, Pereira E, Gracio J. 1999. Adhesion of diamond coatings on steel and copper with a titanium interlayer. Diamond and Refoted Materials, 8 (8-9): 1549 ~ 1554.

Qi H J, Boyce M C. 2004. Constitutive model for stretch-induced softening of the stress-stretch behavior of elastomeric materials. Journal of the Mech. and Physics of Solids, 52 (10): 2187 ~ 2205.

Sandor B. 1978. Strength of Materials. London: Prentice-Hall Inc.

Sawa T, Suzuki Y, Kido S. 2003. Stress analysis and strength estimation of butt adhesive joints of dissimilar hollow cylinders under impact tensile loadings. J. Adhes. Sci. Technol. , 17 (7): 943 ~ 965.

Schuh F J. 1964. Computer makes surge-pressure calculations useful. The Oil & Gas Journal, 62 (31): 96 ~ 104.

Shieu F S, Shiao M H. 1997. Measurement of the interfacial mechanical properties of a thin ceramic coating on ductile substrates. Thin Solid Films, 306 (1): 124~129.

Shih C F, Asaro R J. 1988. Elastic-plastic analysis of crack on bimaterial interfaces. Part I: Small scale yielding. Journal of Applied Mechanics. Transactions ASME, 55 (2): 299~313.

Smelser R E. 1979. Evaluation of stress intensity factors for bimaterial bodies using numerical crack flank displacement data. Interational Journal of Fracture, 15 (2): 135~143.

Steinmann P A, Tardy Y, Hintermann H E. 1987. Adhesion testing by the scratch test method: the innuence of intrinsic and extrinsic parameters on the critical load. Thin Solid Filma, 154 (1-2): 333~349.

Stevanovic D, Lowe A, Kalyanasundaram S, Jar P-Y B, Otieno-Alego V. 2002. Chemical and mechanical properties of vinyl-ester/ABS blends. Polymer, 43: 4503~4514.

Tong L. 1996. Bond strength for adhesive-bonded single-lap joints. Acta Mechanica, 117 (1-4): 101~113.

Treloar L R G. 1975. The Physics of Rubber Elasticity. Chapt. 4. Oxford: The Clarendon Press.

Turunen M P K, Marjamaki P, Paajanen M, et al. 2004. Pull-off test in the assessment of adhesion at printed wiring board metallization/epoxy interface. Microelectronics Reliability, 44 (6): 993~1007.

Turunen M P K, Marjamaki P, Paajanen M, et al. 2004. Pull-off test in the assessment of adhesion at printed wiring board metallization/epoxy interface. Microelectronics Reliability, 44 (6): 993~1007.

Williams J G. 1984. Fracture Mechanics of Polymers. New York: Chichester.

Williams M L. 1957. On the stress distribution at the base of a stationary crack. Journal of Applied Mechanics. Trans. ASME, 79: 109~114.

Williams M L. 1959. The stress around a fault or crack in dissimilar media. Bulletin of the Seismological Society of America, 49 (2): 199~204.

Williams R A, Malsky H. 1980. Some experiences using a ferrofluid seal against a liquid. IEEE Transactions on Manetice, 16 (2): 379~381.

Xia Y, Dong Y, Xia Y M, Li W. 2005. A novel planar tension test of rubber for evaluating the prediction ability of the modified eight-chain model under moderate finite deformation. Rubber Chemistry and Technology, 78 (5): 879~892.

Xie C J, Wei T. 2005. Cracking and decohesion of a thin Al_2O_3 film on a ductile Al-5% Mg substrate. Acta Materialia, 53 (2): 477~485.

Yang Q D, Thouless M D, Ward S M. 2001. Elastic-plastic mode-II fracture of adhesive joints. Int. J. Solids Structures, 38 (18): 3251~3262.

Yang T-Q, Chen Y. 1982. Stress response and energy dissipation in a linear viscoelastic material under periodic triangular strain loading. J. Polym. Sci. , Polym. Phys. Ed. , 20 (8): 1437~1442.

Yeoh O H. 1993. Some forms of the strain energy function for rubber. Rubber Chemistry and technology, 66 (5): 754~771.

You M, Yan Z M, Zheng X L, et al. 2007. A numerical and experimental study of gap length on adhesively bonded aluminum double-lap joint. Int. J. Adhes Adhes, 27 (8): 696 ~ 702.

Zak A R, Williams M L. 1963. Crack point stress singularities at a bi-material interface. Transactions of the ASME, 30: 142 ~ 143.

Zhang H, Li D Y. 2002. Determination of interfacial bonding strength using a cantilever bending method with in situ monitoring acoustic emission. Surface and Coatings Technology, 155 (2-3): 190 ~ 194.

Zhang W J. 2005. Study on preparation and properties of Fe_3O_4 magnetic fluid by one step method with a micro emulsion reactor. Lubrication Engineering, 2: 57 ~ 58.